普通高等教育土建学科专业"十二五"规划教材
全国高职高专教育土建类专业教学指导委员会规划推荐教材

园林制图

（园林工程技术专业适用）

本教材编审委员会组织编写

何向玲 主编
李新天 副主编
丁夏君 主审

中国建筑工业出版社

图书在版编目(CIP)数据

园林制图／何向玲主编．—北京：中国建筑工业出版社，2011.3
（普通高等教育土建学科专业"十二五"规划教材．全国高职高专教育土建类专业教学指导委员会规划推荐教材．园林工程技术专业适用）
ISBN 978-7-112-13044-3

Ⅰ.①园… Ⅱ.①何… Ⅲ.①园林设计-建筑制图 Ⅳ.① TU986.2

中国版本图书馆CIP数据核字（2011）第043456号

本书为普通高等教育土建学科专业"十二五"规划教材，以园林专业为导向，注重制图规范的训练和读识图能力的培养，使学生能够正确使用绘图工具，绘制规范的专业图纸。

主要内容包括制图基础知识和制图的标准，投影的基本知识，剖面图与断面图，轴测投影，透视投影的基本画法，园林工程图等内容，并有配套的《园林制图习题集》。

本教材可供全国高职高专院校园林工程技术专业教学使用，同时也可作为园林行业职业技能培训、园林企业职工培训教材。另外，还可作为中等职业技术学校、大专函授、成人高校和本科院校的二级技术学院继续教育等的教材。

责任编辑：朱首明　杨　虹
责任设计：赵明霞
责任校对：陈晶晶　王雪竹

普通高等教育土建学科专业"十二五"规划教材
全国高职高专教育土建类专业教学指导委员会规划推荐教材

园 林 制 图
（园林工程技术专业适用）

本教材编审委员会组织编写
何向玲　主　编
李新天　副主编
丁夏君　主　审

*

中国建筑工业出版社出版、发行（北京西郊百万庄）
各地新华书店、建筑书店经销
北京嘉泰利德公司制版
北京建筑工业印刷厂印刷

*

开本：787×1092毫米　1/16　印张：16¾　字数：350千字
2011年9月第一版　2011年9月第一次印刷
定价：36.00元（含习题集）
ISBN 978-7-112-13044-3
(20468)

版权所有　翻印必究
如有印装质量问题，可寄本社退换
（邮政编码　100037）

前　言

随着我国社会经济的发展，科学技术的不断提高，人们越来越重视环境，特别是环境的美化，园林建设已成为城市美化的一个重要组成部分。园林不仅在城市的景观方面发挥着重要功能，而且在生态和休闲方面也发挥着重要功能，城市园林的建设越来越受到人们的重视，许多城市加强了新城区的园林规划和老城区的绿地改造，促进了园林行业的蓬勃发展。与此相应，社会对园林类专业人才的需求也日益增加，特别是那些既懂得园林规划设计，又懂得园林工程施工，还能进行绿地养护的高技能人才成为园林行业的紧俏人才。

《园林制图》是一门高职园林类专业的专业基础课，系统性、理论性及实践性较强。在学生知识、能力培养体系中占有重要的位置。能否掌握园林制图的基本方法和技巧直接影响以后的园林专业课程的学习。其教学目的是培养学生能够看懂园林图纸，能够运用各种作图手段绘制园林图纸的实际操作能力，为园林设计奠定基础。

教材内容的编写，采用最新的国家标准和相关规范，降低理论要求，在理论上坚持"必须，够用"的原则，更加注重专业制图理论与实际工程相结合，应用园林实际工程案例来诠释制图的基本理论知识。编排上尽量做到精简，简单明了，深入浅出，图文并茂。

本教材在编写过程中，注重实用和适用，充分考虑园林专业制图的基本要求和方法，各章节的内容编写都力求与专业标准相结合，各章节的实例分析都考虑到职业本身的要求，因此具有很好的实用性，同时也充分考虑到对学生基本能力的培养。

本教材除绪论外包括6章内容。第1章主要介绍制图基础知识和制图的标准；第2章为投影的基本知识；第3章主要介绍剖面图与断面图的基本画法；第4章重点介绍了各种轴测投影的基本画法；第5章从园林效果图的绘制来介绍透视投影的基本画法；第6章重点讲解园林专业制图方法，包括园林规划图纸的绘制、园林工程施工图的绘制等内容。

本教材由何向玲主编，李新天任副主编。参加本书编写工作的有上海城市管理学院朱红霞（第1章）、徐冬梅（第2章）、倪霞娟（第3章）、葛敏敏（第4章）、李新天（第5章）、何向玲（绪论、第6章）。本书第3、4章中的插图由倪霞娟整理，李新天绘制，第6章园林景观方面的插图由陆之渐绘制，建筑方面的部分插图由上海宝钢工程技术集团有限公司万巍提供。

为便于教师使用、学生练习，本教材中 ×.× 标题同习题集中 ×.× 标题一一对应。

本书在编写过程中得到多方面的支持和鼓励，在此表示衷心的感谢。由于编者的水平和经验有限，教材中难免出现不当之处和错误，恳请广大读者批评指正。

编者

目 录

绪 论 ··· 1
   0.1 概述 ·· 2
   0.2 本课程的地位和作用 ·· 2
   0.3 本课程的主要内容 ··· 2
   0.4 本课程的目的和要求 ·· 3
   0.5 本课程所依据的标准 ·· 3
   0.6 本课程的特点与学习方法 ·· 3

第1章 园林制图的基本知识 ·· 5
   1.1 制图工具及其使用 ··· 6
      1.1.1 图板、丁字尺、三角板 ··· 6
      1.1.2 圆规和分规 ··· 7
      1.1.3 绘图用笔 ·· 9
   1.2 制图的标准与规范 ·· 11
      1.2.1 图纸的幅面和格式 ·· 11
      1.2.2 图线 ··· 13
      1.2.3 字体 ··· 16
      1.2.4 比例 ··· 17
      1.2.5 尺寸标注 ··· 18
      1.2.6 符号 ··· 22
      1.2.7 图例 ··· 24
   1.3 几何作图 ·· 24
      1.3.1 等分线段 ··· 24
      1.3.2 等分两平行线之间的距离为已知等份 ··· 24
      1.3.3 作已知圆的内接正多边形（或称圆周的等分） ······························· 25
      1.3.4 椭圆的近似画法 ·· 26
   1.4 绘图方法和步骤 ··· 26
      1.4.1 绘图前的准备工作 ··· 27
      1.4.2 画铅笔底稿 ·· 27
      1.4.3 加深图线或上墨 ·· 27
      1.4.4 复核签字 ··· 28
   本章小结 ·· 28

第2章 投影作图 ··· 29
   2.1 投影的基本知识 ··· 30
      2.1.1 投影法的概念 ··· 30
      2.1.2 投影法的分类 ··· 30
      2.1.3 正投影的基本性质 ··· 31
      2.1.4 形体的三面投影 ·· 32
   2.2 点的投影 ·· 34
      2.2.1 点的两面投影 ··· 34

	2.2.2 点的三面投影	36
	2.2.3 特殊位置点的投影	37
	2.2.4 点的三面投影与直角坐标的关系	38
	2.2.5 两点的相对位置及重影点	39
2.3	直线的投影	40
	2.3.1 直线的投影	40
	2.3.2 各种位置直线的投影特性	40
	2.3.3 直线上的点	44
	2.3.4 两直线的相对位置	45
2.4	平面的投影	46
	2.4.1 平面的表示方法	46
	2.4.2 各种位置平面及其投影特性	47
	2.4.3 平面上的直线和点	50
2.5	形体的三面投影	51
	2.5.1 基本形体的三面投影	51
	2.5.2 组合体的三面投影	55
本章小结		57

第3章 剖面图和断面图 59

- 3.1 剖面图 60
  - 3.1.1 剖面图的形成 60
  - 3.1.2 剖面图的表示方法 60
  - 3.1.3 剖面图剖切方法 62
- 3.2 断面图 65
  - 3.2.1 断面图的形成 65
  - 3.2.2 断面图的表示方法 65
  - 3.2.3 断面图的种类 66
- 本章小结 68

第4章 轴测投影 69

- 4.1 轴测投影的基本知识 70
  - 4.1.1 轴测投影的形成 70
  - 4.1.2 轴测投影的分类 70
  - 4.1.3 轴测投影的特性 71
- 4.2 正轴测投影 71
  - 4.2.1 正等轴测图 71
  - 4.2.2 正二等轴测图 71
- 4.3 斜轴测投影 72
  - 4.3.1 水平斜轴测投影 72
  - 4.3.2 正面斜轴测投影 72
- 4.4 轴测图基本画法 73
  - 4.4.1 基本作图步骤 73
  - 4.4.2 例题 73
- 本章小结 76

第5章 透 视 ... 77

5.1 透视概述 ... 78
- 5.1.1 透视的基本概念 ... 78
- 5.1.2 透视术语 ... 79
- 5.1.3 透视图的分类 ... 80
- 5.1.4 透视图的用途 ... 81

5.2 绘制透视图的相关选择 ... 81
- 5.2.1 选定视角 ... 81
- 5.2.2 选定站立点左右位置 ... 82
- 5.2.3 选定视高 ... 82
- 5.2.4 透视图的基本画法 ... 82

5.3 平行透视（一点透视） ... 85
- 5.3.1 平行（一点）透视的形成与特征 ... 85
- 5.3.2 平行（一点）透视规律 ... 85
- 5.3.3 平行（一点）透视的实用作图方法 ... 85

5.4 成角透视（两点透视） ... 88
- 5.4.1 成角（两点）透视的形成与特征 ... 88
- 5.4.2 成角（两点）透视规律 ... 88
- 5.4.3 成角（两点）透视的实用作图方法 ... 88

5.5 三点透视 ... 91
- 5.5.1 三点透视的形成与特征 ... 91
- 5.5.2 三点透视规律 ... 91
- 5.5.3 三点透视的运用 ... 92
- 5.5.4 三点透视的实用作图方法 ... 92

5.6 平视时的斜面透视 ... 98
- 5.6.1 透视中的斜面透视绘制 ... 98
- 5.6.2 斜面透视的应用实例 ... 98

5.7 透视辅助方法 ... 99
- 5.7.1 对角等分绘制法 ... 99
- 5.7.2 方中求圆（曲线物体）透视绘制法 ... 100

本章小结 ... 102

第6章 园林工程图 ... 103

6.1 园林工程图概述 ... 104
- 6.1.1 园林工程图的特点 ... 104
- 6.1.2 园林工程图的种类 ... 105

6.2 园林设计总平面图 ... 105
- 6.2.1 园林设计总平面图内容与用途 ... 105
- 6.2.2 总平面图绘制方法与步骤 ... 106
- 6.2.3 总平面图的读图要则 ... 107

6.3 园林竖向设计图 ... 107
- 6.3.1 竖向设计图的内容和作用 ... 107
- 6.3.2 竖向设计平面图 ... 109
- 6.3.3 竖向设计立面图 ... 110
- 6.3.4 竖向设计图读图要则 ... 110

- 6.3.5 土方调配图 ………………………………………………… 111
- 6.4 园路工程图 ………………………………………………………… 112
  - 6.4.1 园路工程施工图 ……………………………………………… 112
  - 6.4.2 园路施工图读图要则 …………………………………………… 113
- 6.5 水景工程图 ………………………………………………………… 114
  - 6.5.1 水的表示方法 …………………………………………………… 114
  - 6.5.2 驳岸施工图 ……………………………………………………… 115
  - 6.5.3 水池施工图 ……………………………………………………… 116
  - 6.5.4 水池施工图读图要则 …………………………………………… 117
- 6.6 假山工程施工图 …………………………………………………… 117
  - 6.6.1 常用的山石 ……………………………………………………… 118
  - 6.6.2 假山 ……………………………………………………………… 118
  - 6.6.3 假山施工图读图要则 …………………………………………… 120
- 6.7 种植工程施工图 …………………………………………………… 120
  - 6.7.1 园林种植工程施工图的内容 …………………………………… 121
  - 6.7.2 种植工程施工图读图要则 ……………………………………… 122
- 6.8 园林建筑施工图 …………………………………………………… 123
  - 6.8.1 概述 ……………………………………………………………… 123
  - 6.8.2 园林建筑施工图的内容 ………………………………………… 123
  - 6.8.3 建筑施工图的阅读方法 ………………………………………… 126
- 6.9 结构施工图 ………………………………………………………… 126
  - 6.9.1 结构施工图的内容 ……………………………………………… 126
  - 6.9.2 结构施工图常识 ………………………………………………… 127
  - 6.9.3 基础图 …………………………………………………………… 129
  - 6.9.4 钢筋混凝土构件详图 …………………………………………… 129
  - 6.9.5 结构平面图 ……………………………………………………… 130
- 本章小结 ………………………………………………………………… 130

主要参考文献 ………………………………………………………………… 131

园林制图

绪 论

0.1 概述

园林是指在一定的地域运用工程技术和艺术手段，通过改造地形（或进一步筑山、叠石、理水）、种植树木花草、营造建筑和布置园路等途径创作而成的美的自然环境和游憩境域。园林包括庭园、宅园、小游园、花园、公园、植物园、动物园、森林公园、风景名胜区、自然保护区或国家公园的游览区以及休养胜地等。

园林的规模有大有小，内容有繁有简，但都包含着四种基本的要素：土地、水体、植物、建筑。而园林各构成要素完美的体现，就要靠艺术和技术的完美结合，技术是艺术的表现方法，又是艺术依据的条件。图纸是工程技术人员传达技术思想的共同语言，图纸详尽、充分地描述了园林工程对象的形状、构造、尺寸、材料、技术工艺、工程数量等，是工程设计和施工重要的技术资料。这就要求从事设计和施工的技术人员对图纸的内容有一致的理解。

0.2 本课程的地位和作用

高等职业技术院校教育的根本任务，是培养适应生产、建设、服务和管理的高等技术应用型人才。对人才的总体要求是：具有形成技术应用能力所必需的基础理论知识，具有较强的运用各种知识和技能解决实际问题的能力。

园林制图是一门研究用投影法表示空间几何要素和空间形体及解决空间几何问题的理论、方法的学科；是研究用投影法，并根据制图标准和规定画法及工程技术知识来绘制和阅读园林工程详图的一门重要的技术基础课。

园林制图在园林专业中的地位十分重要。园林制图课具有较强的理论性和实践性，需要学生具有较强的空间思维能力。其教学目标主要是培养和锻炼学生的识、绘园林图的实际操作能力，为以后专业课的学习以及专业图纸的识、绘奠定基础。

园林制图中学生积累的识、绘图能力的高低直接影响其对规划设计课中的图纸、工程施工课中的工程量和施工方法、成本预算及工程质量管理的理解和表达等。因此，制图课在园林专业课程中有着特殊而重要的作用。

0.3 本课程的主要内容

本课程主要包括三个教学模块：

第一个模块是园林制图基础知识，主要介绍各种制图工具和用品的使用以及维护等制图基础知识，国家及行业制图标准的相关规定。

第二个模块是园林制图基本理论，主要介绍投影的基本知识，剖面图与断面图的基本画法，各种轴测投影的基本画法，从园林效果图的绘制来介绍透视投影的基本画法。

第三个模块是园林专业制图，重点讲解园林专业制图方法，包括园林规划图纸的绘制、园林工程施工图的绘制等内容。

0.4 本课程的目的和要求

本课程的目的：

(1) 熟悉国家制图标准，学会绘图工具的正确用法，掌握有关制图的基本知识。

(2) 学习投影法的基本理论、方法及其应用。

(3) 让学生具有一定的空间想象力和构思能力，培养学生解决空间几何问题的初步能力，能够绘制简单的透视图。

(4) 能够正确地识读常见的园林规划设计图及施工图，并且能够进行简单的绘制。

(5) 让学生养成认真负责的工作态度和严谨细致的工作作风。

园林制图的主要任务就是论述园林工程制图的基本原理和方法，使学生掌握绘制工程图的基本知识和初步技术，培养学生绘制和阅读工程图的基本技能，为后续课程的学习和今后从事园林专业技术工作打下坚实的基础，从而提高学生的综合技能。

0.5 本课程所依据的标准

《房屋建筑制图统一标准》　　　　　　GB/T 50001—2001
《建筑制图标准》　　　　　　　　　　GB/T 50104—2001
《建筑结构制图标准》　　　　　　　　GB/T 50105—2001
《混凝土结构施工图平面整体表示方法制图规则和构造详图》　04G101
《总图制图标准》　　　　　　　　　　GB/T 50103—2001
《风景园林图例图示标准》　　　　　　CJJ 67—95
《总平面图图例》　　　　　　　　　　GB J103—871
《环境景观　室外工程细部构造》　　　03J012-1 (GJBT 599—2003)
《环境景观　绿化种植设计》　　　　　03J012-2 (GJBT 599—2003)

0.6 本课程的特点与学习方法

本课程是一门实践性很强的技术基础课，具有较强的系统性和连贯性，同时还是技术和艺术的结合体。本课程在学习过程中应该做到以下几点：

1. 事先预习，课后复习

园林制图课的内容前后连贯性很强，尤其是前面的基础知识，理解起来比较困难。所以在学习的时候，要事先预习，带着问题去听课，在课堂上及时把问题解决，课后要及时复习，温故知新。只有反复地学习才能掌握好所学的知识。

2. 要勤动脑，理论联系实际

园林制图的实践性较强，需要一定的空间思维能力。在学习的过程中要反复构思，理论联系实际，不断地学习练习，提高制图和识图的技能。

3. 要养成严肃认真，耐心细致的工作态度，自觉遵守各类标准

制图是要严格按照制图标准来进行的，具有严肃性。所以在制图过程中，不能随心所欲，漫不经心，要认真细致，一丝不苟。作为一个初学者，从一开始就养成认真负责，耐心细致，严格按标准办事的好习惯，就能符合园林专业的职业要求，才能承担将来的重任。

园林制图

第 1 章　园林制图的基本知识

本章学习要点：掌握园林制图工具的使用方法，能够利用制图工具精确、快速地完成制图工作。了解并掌握《国家制图标准》中的主要内容，包括图幅、图框、图线、字体、尺寸标注等方面。掌握几何作图的方法和步骤。

园林工程制图是风景园林设计的基本语言，是表达和交流设计思想的重要工具，是每个园林工程技术人员必须掌握的基本技能。为了使园林工程图表达统一、清晰简明、提高制图效率、保证制图的规范化、满足设计和施工的要求，每个工程技术人员必须熟悉和掌握绘制工程图样的基本知识和基本技能，掌握园林制图的基本标准。

通常园林制图多沿用国家颁布的建筑制图中的有关标准，如《房屋建筑制图统一标准》GB/T 50001—2001 作为制图的依据。

1.1 制图工具及其使用

在绘制园林工程图纸的过程中，了解绘图工具与仪器的性能、特点，掌握其正确的使用方法，是提高绘图效率、保证绘图质量的重要条件之一。本节主要介绍一些常用的绘图工具和仪器的使用方法。

1.1.1 图板、丁字尺、三角板

(1) 绘图板

绘图板是用来铺放图纸的矩形案板。普通绘图板由板面和框架组成，板面一般用平整的胶合板制作，又称为工作面；框架为绘图板四边（或左右两边）镶有的木制边框，其短边称为工作边。为了保证绘图质量，图板的工作面应平整光滑，工作边要平直。图板放在绘图桌上，板身略为倾斜，与水平面倾斜约20°。固定图纸要用胶带纸粘贴。使用时注意保护，防止水浸、暴晒和重压，不能用刀具或硬质器具在图板上任意刻划。

常用绘图板的规格有0号、1号和2号等，其尺寸比同号图纸尺寸略大，在使用过程中我们可以根据图纸幅面的需要选用图板。

(2) 丁字尺

丁字尺又称T形尺，由互相垂直的尺头和尺身组成。尺身上有刻度的一边为工作边，工作边必须平直。目前使用的丁字尺大多是用有机玻璃制成，分为600、900、1200mm三种规格。

丁字尺主要用于绘水平线，并可与三角板配合绘垂直线及15°倍数的倾斜线。使用时左手扶住尺头，使它紧靠图板左边工作边，然后上下推动至尺身工作边对准画线位置，按住尺身，自左向右，自上而下逐条绘出，如图1-1-1所示。

丁字尺的尺身要求平整、工作边平直、刻度清晰准确，因此，一定要注意保护丁字尺的工作边，不能用小刀靠近尺身边切割纸张。丁字尺不用时应挂

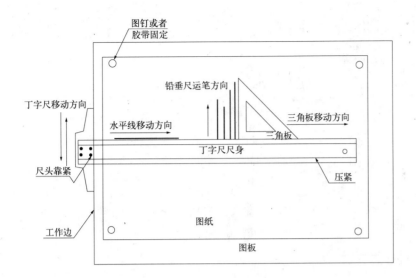

图1-1-1 图板与丁字尺

放或平放,不能斜倚放置或加压重物,防止压弯变形。

(3) 三角板

三角板由两锐角都等于45°的直角三角形和两锐角分别为30°和60°的两块直角三角形板组成。三角板的大小规格很多,绘图时可灵活选用,一般宜选用板面略厚,两直角边有斜坡,边上有刻度或有量角刻度的三角板。

三角板与丁字尺配合使用,可画垂直线和与15°角成倍数的斜线。绘制直线时将三角板的一直角边紧靠待画线的右边,另一直角边紧靠丁字尺工作边,然后左手按住尺身和三角板,右手持笔自下而上画线。两块三角板配合使用,可以画出任意直线的平行线和垂直线,如图1-1-2所示。

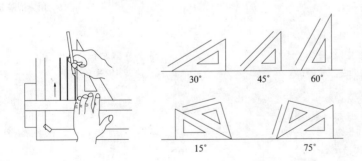

图1-1-2 三角板组合

1.1.2 圆规和分规

(1) 圆规

圆规是画圆和圆弧的工具。为了扩大圆规的功能,圆规一般配有三种插腿:铅笔插腿(画铅笔圆用)、直线笔插腿(画墨线圆用)、钢针插腿(代替分规用)。画大圆时可在圆规上接一个延伸杆,以扩大圆的半径,如图1-1-3所示。

圆规在使用前应先调整针脚,使针尖稍长于铅笔芯或直线笔的笔尖,取好半径,对准圆心,并使圆心略向旋转方向倾斜,按顺时针方向从右下角开始

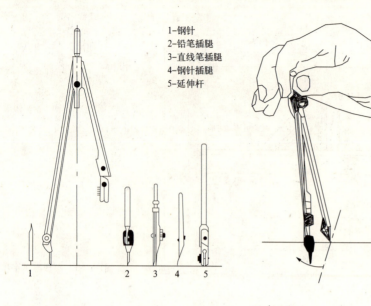

图1-1-3 圆规（左）
图1-1-4 画圆方法（右）

1-钢针
2-铅笔插腿
3-直线笔插腿
4-钢针插腿
5-延伸杆

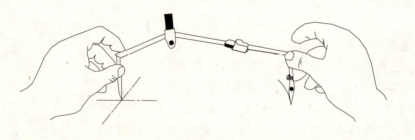

图1-1-5 画大圆方法

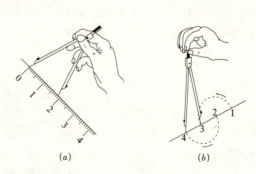

图1-1-6 分规的用法
(a) 用分规截取长度；
(b) 用分规等分长度

画圆，画圆或画弧都应一次完成，如图1-1-4所示。在画半径较大圆或圆弧时，应使圆规两脚都大致与纸面垂直，如图1-1-5所示。画更大的圆或圆弧时，要接上延长杆。另外，画铅笔线圆或圆弧时，所使用的铅芯的型号要比同类直线的铅笔软一号，以保证图线深浅一致。

(2) 分规

分规是等分线段和量取线段的工具。分规的形状与圆规相似，但两腿都装有钢针，使用时它的两个针尖必须平齐。

用分规量取线段时，注意不要把针尖扎入尺面，如图1-1-6（a）所示。用分规等分线段时，先凭目测估计，使两针尖张开距离大致接近等分段的长度，然后在线段上试分，如有差额，则将两针头距离再进行调整，直到恰好等分时为止，如图1-1-6（b）所示。

1.1.3 绘图用笔

(1) 铅笔

绘图所用铅笔以铅芯的软硬程度分类,"B"表示软,"H"表示硬,其前面的数字越大则表示铅笔的铅芯越软或越硬。"HB"铅笔介于软硬之间,属于中等。绘制图形底稿时一般采用HB或H铅笔;描黑底稿时一般采用B或2B铅笔。

削铅笔时,铅笔尖应该削成锥形,铅芯露出6~8mm,并注意铅笔从没有标记的一端开始使用,以便保留软硬标记。

(2) 直线笔

直线笔又称鸭嘴笔,是传统的上墨、描图仪器,笔尖由两块钢片组成,可用螺钉任意调整间距,确定墨线粗细。往直线笔注墨时,用绘图小钢笔或注墨管小心地将墨水加入两块钢叶片的中间,注墨的高度为4~6mm。

画线时,直线笔应位于铅垂面内,即笔杆的前后方向与纸张保持90°,使两叶片同时接触图纸,并使直线笔前进方向倾斜5~20°,如图1-1-7所示。画线时速度要均匀,落笔时用力不宜太重。画细线时,调整螺钉不要旋得太紧,以免笔叶变形,用完后应清洗擦净,放松螺钉后收藏好。

(3) 绘图墨水笔(针管笔)

绘图墨水笔是上墨、描图所用的绘图笔,除笔尖是钢管针且内有通针外,其余部分的构造与普通钢笔基本相同,如图1-1-8所示。笔尖针管的内径从0.1~1.2mm,分成多种型号,选用不同型号的针管笔即可画出不同线宽的墨线。把针管笔装在专用的圆规夹上还可画出墨线圆及圆弧。针管笔使用简单,能提高绘图速度。画线时,针管笔应略向运笔方向倾斜,且不宜按压过重。下水不畅时,可上下摇动笔杆。使用绘图墨水笔时,必须使用碳素墨水或专用绘图墨水,用后要用清水及时把针管冲洗干净,以防堵塞。

(4) 比例尺

比例尺是在画图时按比例量取尺寸的工具。尺上刻有几种不同比例的刻度,可直接用它在图纸上绘出物体按该比例的实际尺寸,不需计算,如图1-1-9所示。常见的比例尺有三棱尺和比例直尺,三棱尺上有6种不同的比例刻度,可根据需要选用。

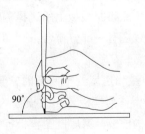

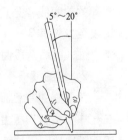

图1-1-7 直线笔执笔方法

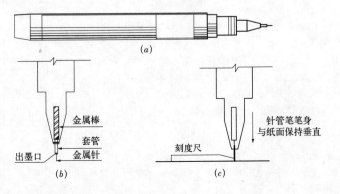

图1-1-8 针管笔及其构造示意
(a) 针管笔;(b) 针管笔悬垂时;(c) 针管笔落笔时

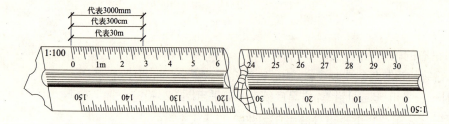
图1-1-9 比例尺

比例直尺上有一行刻度和三行数字。比例尺上的数字以m为单位。

比例尺1∶100就是指比例尺上的尺寸比实际尺寸缩小了100倍。例如，从比例尺的刻度0量到刻度3m，就表示实际尺寸是3m（300cm）。但是这段长度在比例尺上却只有0.03m（3cm），即缩小了100倍。

1∶100的比例尺也可以当作1∶10或1∶1000的比例使用。当1∶10的比例使用时，尺上的3m代表0.3m（30cm）；当1∶1000的比例使用时，尺上的3m代表30m（3000cm）。

比例尺只用来量取尺寸，不可用来画线，尺的棱边应保持平直，以免影响使用。

(5) 其他辅助

1）曲线板

曲线板是描绘各种曲线的专用工具。曲线板的轮廓线是以各种平面数学曲线（椭圆、抛物线、双曲线、螺旋线等）相互连接而成的光滑曲线，如图1-1-10所示。

用曲线板描绘曲线时，应先确定出曲线上的若干个点，然后徒手沿着这些点轻轻地勾画出曲线形状，再根据曲线的几段走势形状，选择曲线板上形状相同的轮廓线，分几段把曲线画出。使用曲线板时要注意：曲线应分段画出，每段至少应有3~4个点与曲线板上所选择的轮廓线相吻合。为了保证曲线的光滑性，前后两段曲线应有一部分重合。

2）绘图模板

为了提高制图质量和速度，把制图时常用的一些图形、符号、比例等刻在一块有机玻璃板上，作为模板使用。模板的种类非常多，一类为专业模板，如建筑模板、工程结构模板、家居制图模板等，这些模板上一般刻有该专业常

图1-1-10 曲线板（左）
图1-1-11 圆模板（右）

用的一次尺寸、角度和几何形状；另一类为
通用型模板，如圆模板、椭圆模板等，如图
1-1-11 所示。用模板作直线时笔可稍向运
笔方向倾斜，作圆或椭圆时笔应尽量与纸面
垂直，且紧贴图形边缘。

3）擦图片

擦图片是用来修改图线的，常用不锈钢
制成，如图 1-1-12 所示。擦线条时，用擦
图片上适合的口子对准需擦除的部分，将不
需要的部分盖住，用橡皮擦除缺口中的线条，
以保留好其余的线条。

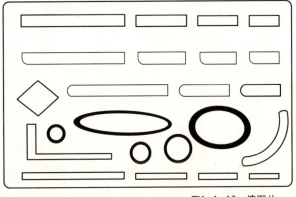

图1-1-12　擦图片

4）图纸

制图图纸种类比较多，比如：草图纸、硫酸纸、绘图纸，各种图纸有着
各自的特点和优势，使用时根据实际需要加以选择。

草图纸：又称拷贝纸，图纸价格低廉，纸薄、透明，一般用来临摹、打草稿、
记录设计构想。

硫酸纸：一般为浅蓝色，透明光滑，纸质薄且脆，不易保存，但由于硫
酸纸绘制的图纸可以通过晒图机晒成蓝图，进行保存，所以硫酸纸广泛应用于
设计的各个阶段，尤其是需要备份图纸份数较多的施工图阶段。

绘图纸：要求纸面洁白、质地坚硬，用橡皮擦拭不易起毛，画线时，墨
线条清晰，不扩散，绘图纸常用来绘制底图。图纸幅面应符合国家标准，绘图
纸不能卷曲、折叠和压皱。

1.2　制图的标准与规范

工程图是工程界的技术语言，为了便于技术交流，满足设计、施工、存
档的需要，必须对图样的表达方法、尺寸标注、所用符号等制定统一的规定。
为此，我国先后修订颁布了一系列的制图国家标准。由国家质量技术监督局发
布各个部门的技术图样均适用的统一的《技术制图》GB/T98、国家建设部发
布的《房屋建筑制图统一标准》GB/T 50001—2001，在绘制园林工程图样时，
应遵照执行。本节将着重介绍关于园林工程图纸绘制过程中的有关标准与规范。

1.2.1　图纸的幅面和格式

(1) 图幅和图框

图纸的幅面是指图纸尺寸大小。园林制图中采用国际通用的 A 系列幅面
规格的图纸，A0 幅面的图纸称为 0 号图纸，A1 幅面的图纸称为 1 号图纸。图
框是指图纸上绘图范围的界限，见表 1-2-1 所示。绘制技术图样时应优先采
用表 1-2-1 中所规定的图纸幅面规格及图框尺寸。

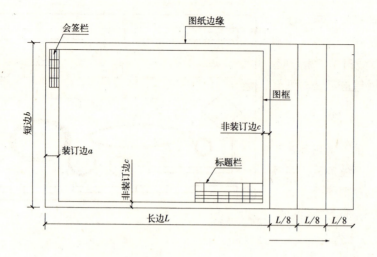

图1-2-1 图幅与图框

图纸幅面及图框尺寸　　　　　　　　　表1-2-1

尺寸代码	幅面代号（mm）				
	A0	A1	A2	A3	A4
$b×l$	841×1189	594×841	420×594	297×420	210×297
c	10			5	
a	25				

表中 $b×l$ 为图纸的短边乘以长边，a、c 为图框线到幅面线之间的宽度。A0号幅面的面积为 $1m^2$，A1号幅面是A0号幅面的对开，其他幅面类推。

绘图时可以根据需要加长长边的尺寸，短边不可以加长，图纸的加长量为原图纸长边的1/8的倍数，加长后的尺寸应符合表1-2-2的规定。

图纸长边加长尺寸　　　　　　　　　表1-2-2

幅面尺寸	长边尺寸	长边加长后尺寸（mm）							
A0	1189	1486	1635	1783	1932	2080	2378		
A1	841	1051	1261	1471	1682	1892	2102		
A2	594	743	891	1041	1189	1338	1486	1635	1783	1932	2080
A3	420	630	841	1051	1261	1471	1682	1892		

注：有特殊需要的图纸，可采用 $b×l$ 为841mm×891mm与1189mm×1261mm的幅面。

图纸的使用一般分为横式和立式两种，以短边作为垂直边称为横式，以短边作为水平边为称为立式。一般A0～A3图纸宜横式使用；必要时，也可立式使用。

为了使用图纸复制和微缩摄影时定位方便，对表1-2-2所列各号图纸，均应在各号图纸各边长的中点处分别画出对中标志，对中标志线宽不小于0.35mm，长度从纸边界开始至伸入图框内约5mm。

(2) 标题栏与会签栏

图纸标题栏简称图标，位于图纸右下角，主要介绍图纸相关信息，如：设计单位、工程项目、设计者、审核者以及图名、图号、比例等内容。各种幅面的图纸，不论竖放或横放，均应在图框内画出标题栏。图标的格式在国家标准中仅作原则的分区规定，各区的具体格式、内容和尺寸，可根据设计单位的需要而定，制图标准中给出了两种形式，如图1-2-2（a）、1-2-2（b）所示。本书中根据教学的需要设立课程作业专用标题栏形式，仅供参考，如图1-2-2（c）所示。

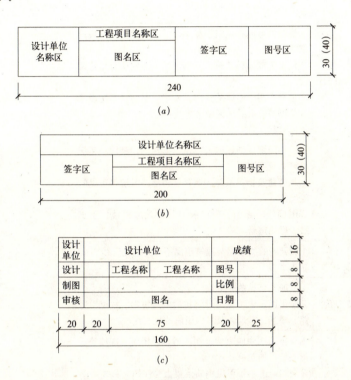

图1-2-2 标题栏
(a) 标题栏形式1；
(b) 标题栏形式2；
(c) 课程作业专用标题栏

会签栏应放在图纸的左上角图框线处。会签栏内填写会签人员的专业、签名、日期，如图1-2-3所示。若一个会签栏不够用可另加一个，两个会签栏应并列。不需要会签的图纸可不设会签栏。

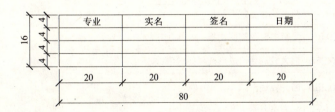

图1-2-3 会签栏

1.2.2 图线

图纸中的线条通称图线。在绘图时，为了清晰地表达图中的不同内容，并能够分清主次，必须正确使用不同线型和选择合适的线宽。

(1) 线型

线型是指绘图中使用的不同形式的线,线型的种类和用途见表1-2-3。

线型种类和用途　　　　表1-2-3

线型名称		线型	宽度	一般用途
实线	粗	——	b	①平面图中建筑物与园林小品可见的主要轮廓线; ②建筑物或园林建筑小品立面外部轮廓线; ③剖切断面的断面线; ④给水线; ⑤图框线
	中	——	$0.5b$	①建筑物与园林建筑小品平、立、剖面图中一般轮廓线; ②建筑物或园林建筑小品剖面图中非断面可见轮廓线; ③总平面图中新建的道路、桥梁、围墙及其他设施的可见的轮廓线和区域分界线; ④尺寸起止符
	细	——	$0.25b$	①总平面图中新建的人行道、排水沟、草地、花坛等可见轮廓线; ②原有建筑物、铁路、道路、桥涵、围墙等可见的轮廓线; ③图例线、索引符号、尺寸线、尺寸界线、引出线、标高符号
虚线	粗	− − − −	b	①新建建筑物或园林建筑小品不可见的轮廓线; ②排水线
	中	− − − − −	$0.5b$	①一般不可见的轮廓线; ②总平面图中拟建或计划扩建的建筑物、铁路、道路、桥涵、围墙以及其他设施的轮廓线
	细	− − − − −	$0.25b$	①总平面图中原有建筑物和道路、桥涵、围墙等设施不可见的轮廓线; ②结构详图中不可见钢筋混凝土构件的轮廓线; ③剖面图中被去除部分的轮廓线
点画线	粗	−·−·−	b	吊车轨道线
	中	−·−·−	$0.5b$	土方填挖区的零点线
	细	−·−·−	$0.25b$	分水线、中心线、对称轴、定位轴
双点画线	粗	−··−··	b	见有关专业制图图集
	中	−··−··	$0.5b$	见有关专业制图图集
	细	−··−··	$0.25b$	假象轮廓线、成形前原始轮廓线
折断线		⎯⎯/⎯⎯	$0.25b$	断开界线
波浪线		～～	$0.25b$	断开界线

(2) 线宽组

图线按照其宽度分为粗、中、细三种类型,三者的比例为 $b:0.5b:0.25b$。

粗线的宽度定为 b，b 宜从下列线宽系列中选取：2.0、1.4、1.0、0.7、0.5、0.35mm。每一粗线宽度对应一组中线和细线，每一组合称为线宽组。

每个图样，应根据复杂程度与比例大小，先选定基本线宽 b，再选用表 1-2-4 相应的线宽组。

线宽组（mm） 表 1-2-4

线宽比	线 宽 组					
b	2.0	1.4	1.0	0.7	0.5	0.35
$0.5b$	1.0	0.7	0.5	0.35	0.25	0.18
$0.25b$	0.5	0.35	0.25	0.18	0.13	

（3）图线的画法及注意事项

1）同一张图纸中，相同比例的各图样，应选用相同的线宽组。

2）图纸的图框和标题栏，可采用表 1-2-5 的线宽。

图纸图框线和标题栏线宽 表 1-2-5

幅面代号	图框线（mm）	标题栏外框线（mm）	标题栏分格线、会签栏线（mm）
A0、A1	1.4	0.7	0.35
A2、A3、A4	1.0	0.7	0.35

3）相互平行的图线，其间隙不宜小于其中粗线的宽度，且不宜小于 0.7mm。

4）虚线、点划线或双点划线的线段长度和间隙，宜各自相等。

5）如图形较小，画点划线或双点划线有困难时，可用实线代替。

6）点划线或双点划线的两端不应是点，点划线与点划线交接或点划线与其他图线交时，应是线段交接，如图 1-2-4 中 a 点。

7）虚线与虚线交接或虚线与其他图线交接时，应是线段交接，如图 1-2-4 中 b 点。虚线为实线段的延长线时，需要留有间隙，不得与实线连接，如图 1-2-4 中 c 点。

8）图线不得与文字、数字或符号重叠、混淆，不可避免时，应首先保证文字等的清晰。

（4）各园林要素绘制的线型要求

地形：设计地形等高线用细实线绘制，原地形等高线用细虚线绘制。

园林建筑：在大比例中，剖面线用粗实线画出断面轮廓，用中实线画出其他可见轮廓；屋顶平面图中，用粗实线画出外轮廓，用细实线画出屋面；对于花塔、花架等建筑小品用细实线画出投影轮廓。小比例图中，只需用粗实

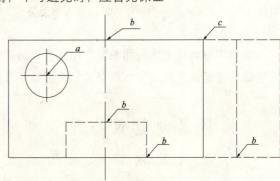

图 1-2-4 图线绘制方法示例

线画出水平投影外轮廓线。

水体：一般用粗实线画水体的外轮廓线，再用细实线沿岸边向内画两圈水纹线。

山石：均采用其水平投影轮廓线概括表示，以粗实线绘出边缘轮廓，以细实线概括绘出纹理。

园路：用细实线画出园路。

1.2.3 字体

制图中常用的文字有汉字、阿拉伯数字及拉丁字母、罗马数字等。

国家标准规定：图纸上需要书写文字、数字或符号等，均应笔画清晰、字体端正、排列整齐，标点符号清楚正确，且必须用黑墨水书写。

（1）字的书写规范

1）工程图纸中的汉字，宜采用长仿宋体，大标题或图册封面等汉字也可书写成其他字体，但应易于辨认。汉字的书写必须遵守国务院公布的《汉字简化方案》和有关规定。

2）汉字规格

汉字的规格指汉字的大小，即字高。汉字的字高用字号表示，如高为5mm 的字为 5 号字。常用的字号有 2.5、3.5、5、7、10、14、20 等号。如需更大的字，则字高应以 $\sqrt{2}$ 的比值递增。规定汉字的字高不应小于 3.5mm。

长仿宋体应写成直体字，字宽约为字高的 2/3，其字高和字宽应符合表 1-2-6 的规定。

长仿宋字字高与字宽的关系　　　　　表 1-2-6

字高（mm）	20	14	10	7	5	3.5
字宽（mm）	14	10	7	5	3.5	2.5

3）长仿宋字的书写

为了保证美观、整齐，书写前先打好网格，字高的高宽比为 3:2，字的行距为字高的 1/3，字距为字高的 1/4，书写时应注意横平竖直，起落分明，笔锋饱满，布局均衡。长仿宋字的基本笔画及例字如图 1-2-5 所示。

（2）数字及字母的写法

常用字母为拉丁字母和希腊字母，数字为阿拉伯数字和罗马数字。数字与字母可按笔画宽度分为一般字体和窄字体，在同一图样中只允许选用同一

园 林 景 观 建 筑 小 品 花 架 工 程 铺 装 瀑 布
方 案 规 划 设 计 绿 地 喷 泉 地 形 座 凳 广 场
日 期 比 例 图 号 审 核 说 明 负 责 人 绘 制 明

图 1-2-5　长仿宋体书写示范

ABCDEFGHIJKLMNOPQRSTUVWXYZ
0 123456789　Ⅰ ⅡⅢⅣ Ⅴ ⅥⅦⅧⅨ Ⅹ ⅪⅫ

图1-2-6　数字及字母示例

种字体。字体又可分直体和斜体，斜体字字头向右倾斜，与水平线约成75°，其宽度和高度与相应的直体字相同，如图1-2-6所示。数字与字母的字高应不小于2.5mm。数字及字母书写规定，见表1-2-7。

数字及字母书写规定表　　表1-2-7

字体		一般字体	窄字体
字母高	大写字母	h	h
	小写字母（上下均无延伸）	$(7/10)h$	$(10/14)h$
小写字母向上或向下延伸部分		$(3/10)h$	$(4/14)h$
笔画宽度		$(1/10)h$	$(1/14)h$
间隔	字母间	$(2/10)h$	$(2/14)h$
	上下底线间最小间距	$(14/10)h$	$(20/14)h$
	文字间最小间距	$(6/10)h$	$(6/14)h$

（3）字体与图纸幅面之间的选用关系

参见表1-2-8。

字高 h 与字体和图幅的关系　　表1-2-8

图幅	字高 h				
	A0	A1	A2	A3	A4
汉字	7	5	3.5	3.5	3.5
字母与数字	5	5	3.5	3.5	3.5

1.2.4　比例

园林制图中，园林构成要素不能按照它们的实际尺寸画在图纸上，需按一定的比例放大或缩小。图形与实物相对的线性尺寸大小称为比例。比例的大小是指比值的大小，如1：50大于1：100。比例宜注写在图名的右侧，字的基准线应取平，比例的字高宜比图名的字高小一号或二号，如图1-2-7所示。

平面图　1:100

图1-2-7　比例示意

绘图所用比例应根据图样的用途与被绘制对象的复杂程度，从表1-2-9中选用，并优先选用表中常用比例。

绘图常用比例　　　　　表1-2-9

详　　图	1:2	1:3	1:4	1:5	1:10	1:20	1:30	1:40	1:50
道路绿化图	1:50	1:100	1:150	1:200	1:250	1:300			
小游园规划图	1:50	1:100	1:150	1:200	1:250	1:300			
居住区绿化图	1:200	1:250	1:300	1:400	1:500	1:1000			
公园规划图	1:500	1:1000	1:2000						

1.2.5　尺寸标注

在工程图纸中，除了按比例画出物体的图形外，还必须标注其实际尺寸，这样才能完整的表达出形体的大小和各部分的相对关系，进行准确无误的施工。

(1) 线段的尺寸标注

线段的尺寸标注包括尺寸界线、尺寸线、尺寸起止符和尺寸数字，如图1-2-8 (a) 所示。

1) 尺寸界线

尺寸界线应用细实线绘制，一般应与被注线段垂直，其一端应离开图样轮廓线不小于2mm，另一端宜超出尺寸线2～3mm，如图1-2-8 (b) 所示。必要时，图样轮廓线可用作尺寸界线。

2) 尺寸线

尺寸线应用细实线绘制，应与被注线段平行，且不宜超出尺寸界线。任何图线均不得用作尺寸线。

3) 尺寸起止符号

尺寸起止符号一般应用中粗斜短线绘制，其倾斜方向应与尺寸界线成顺时针45°，长度宜为2～3mm。

4) 尺寸数字

图样上的尺寸数字是图样的实际尺寸，与图样的尺寸无关。尺寸数字的大小也不得从图上直接量取。标注尺寸数字时应按下列规定：

①图样上尺寸数字的单位，除标高和总平面图以m为单位外，均必须以mm为单位，并可省略不写。

②若尺寸数字在30°斜线区内，宜按图1-2-8 (c) 所示的形式注写。

③尺寸数字应依据其读数方向注写在靠近尺寸线的上方中部，如没有足够的注写位置，最外边的尺寸数字可注写在尺寸界线的外侧，中间相邻的尺寸

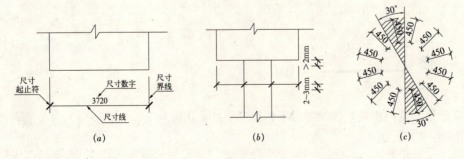

图1-2-8　线段标注
(a) 尺寸的组成；(b) 尺寸界线；(c) 尺寸数字的读书方向

数字可错开注写，也可引出注写。

④任何图线不得穿过尺寸数字，当不能避免时，应将尺寸数字处的图线断开。

在进行线段标注的时候还应该注意，相互平行的尺寸线，应从被注的图样轮廓线由近向远整齐排列，小尺寸应离轮廓线较近，大尺寸应离轮廓线较远，如图 1-2-9 所示。图样最外轮廓线距最近尺寸线的距离，不宜小于 10mm。平行排列的尺寸线的距离，宜为 7～12mm，并应保持一致。最外边的尺寸界线，应靠近所指部位，中间的尺寸界线可稍短，但长度应该相等。

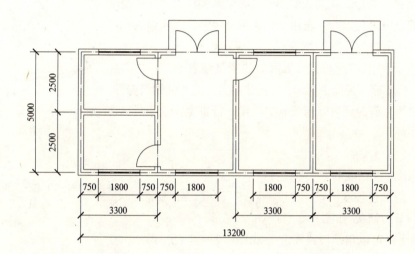

图1-2-9 线型标注示例

(2) 圆（弧）和角度标注

1) 圆的标注－需要标注半径和直径

半径的尺寸线，应一端从圆心开始，另一端画箭头指至圆弧，如图 1-2-10 (a) 所示。半径数字前应加注半径符号"R"；对于大圆半径标注可以采用图 1-2-10 (b)、1-2-10 (c) 所示的两种形式进行标注；较小圆的标注尺寸，可标注在圆外，如图 1-2-10 (d) 所示。

标注圆的直径时，直径数字前，应加符号"φ"，在圆内标注的直径尺寸应通过圆心，两端画箭头指至圆弧，如图 1-2-11 (a)、(c) 所示，也利用线段标注方式进行标注，如图 1-2-11 (b)、(d) 所示。

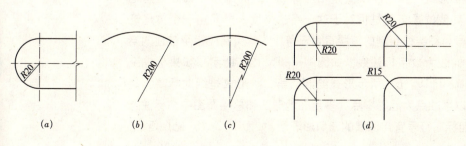

图1-2-10 半径标注方法
(a) 半径的尺寸线；
(b) 大圆半径标注方式一；(c) 大圆半径标注方式二；(d) 小圆标注方式

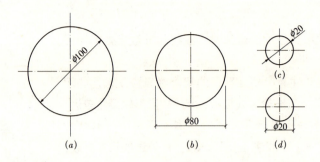

图1-2-11 直径标注方法

2）角度与圆弧的标注

角度的尺寸线应以圆弧线表示，该圆弧的圆心应是该角的顶点，角的两个边为尺寸界线。角度的起止符号应以箭头表示，如果没有足够位置画箭头，可用圆点代替。角度数字应水平方向注写，如图1-2-12所示。

标注圆弧的弧长时，尺寸线应用与该圆弧同心的圆弧线表示，尺寸界线应该垂直于该圆弧的弦，起止符号用箭头表示，弧长数字上方应加注圆弧符号，如图1-2-13所示。圆弧尺寸有时还可以用弦长的尺度进行量度，弦长的标注方法与线段的标注方法相同。

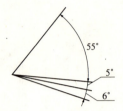

图1-2-12 角度标注方法

(3) 坡度标注

坡度常用百分数、比例或比值表示。标注坡度时，在坡度数字下，应加注坡度符号。坡度符号应为指向下坡方向的单边箭头，如图1-2-14 (a)、(b) 所示。在平面上还可以用示坡线表示，如图1-2-14 (c) 所示。立面上常用比值表示坡度，坡度有时也可用直角三角形形式标注，即用直角三角形边的比来表示坡度的大小，如图1-2-14 (d)、(e) 所示。

图1-2-13 圆弧的标注方法

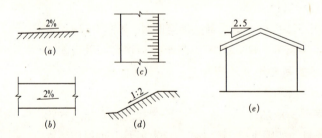

图1-2-14 坡度的标注方法

(4) 标高标注

标高标注有两种形式：第一种形式是相对标高，是将某水平面如室内地面作为起算零点，其他位置高度是相对于这一点的高度，主要用于个体建筑物图样上。标高符号为细实线绘制的等腰直角三角形，其尖端应指至被注的高度，三角的水平引伸线为数字标注线，如图1-2-15 (a) 所示，如果标注空间有限，也可按图1-2-15 (b) 所示形式绘制。第二种形式是绝对标高，是以大地水准面或某以水准点为起算零点，多用在地形图和总平面图中。标注方法与第一种相同，但标高符号宜用涂黑的三角形表示，如图1-2-15 (c) 所示。

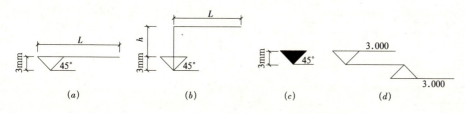

图1-2-15 标高的标注方法
L取适当长度注写标注数字；h根据需要取适当高度

标高数字应以m为单位，注写到小数点以后第三位，零点标高一定注写成"±0.000"，负数标高前必须加"－"，正数前不加"＋"号。标高符号的尖端应指至被注高度的位置，尖端一般应向下，也可向上，如图1-2-15 (d)。

(5) 曲线标注

简单的不规则曲线可用截距法（又称坐标法）标注，较复杂的曲线可用网格法标注。

截距法——为了便于放样或定位，常选一些特殊方向和位置的直线，如永久建筑物的墙体线、建筑物或构筑物的定位轴等作为截距轴，然后绘制一系列与之垂直的等距的平行线，标注曲线与平行线交点到垂足的距离，如图1-2-16 所示。

网格法——用于标注复杂的曲线，所选的网格的尺寸应该能够保证曲线或者图形放样精度的要求，精度要求越高，网格划分应该越细，网格边长应该越短，如图1-2-17所示。

曲线标注方法与线段标注相同，但为了避免短线起止符号的方向影响到尺寸标注和读图，所以标注曲线的时候通常用小圆点作为尺寸起止符。

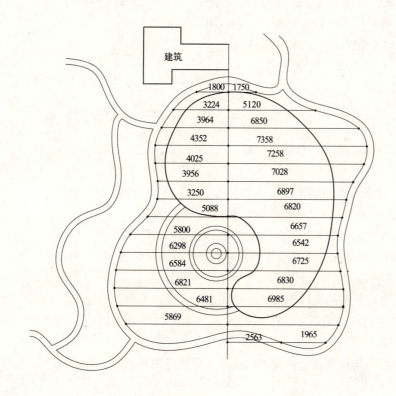

图1-2-16 截距法标注

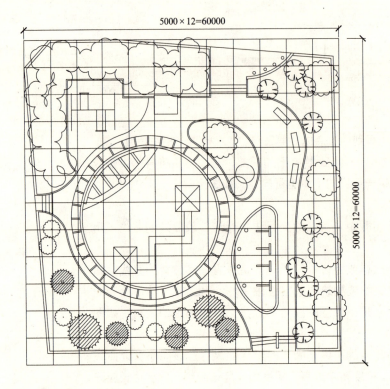

图1-2-17 网格法标注

(6) 简易标注

在标注时，可能会遇到一系列相同的标注对象，这时可以采用简化的标注方法。连续排列的等长尺寸，可用"个数 × 等长尺寸＝总长"的形式标注，对于多个相同几何元素的标注可采用图1-2-18的方式，标注为：相同元素个数 × 一个元素的尺寸。

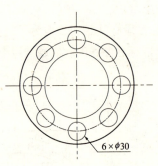

图1-2-18 简易标注

1.2.6 符号

(1) 索引符号和详图符号

1) 索引符号

在绘制施工图时，为了便于查阅需要详细标注和说明的内容，应标注索引。索引符号为直径10mm的细实线圆，索引符号的编号应按下列规定编写：

①索引出的详图，如与被索引的图样在同一张图上，应在索引符号的上半圆中用阿拉伯数字注明该详图的编号，并在下半圆中间画一段水平细实线，如图1-2-19（a）所示。

②索引出的详图，如与被索引的图样不在同一张图纸内，应在索引符号的下半圆中用阿拉伯数字注明该详图所在图纸的图纸号，如图1-2-19（b）所示。

③索引出的详图，如果采用标准图，应在索引符号水平直径的延长线上

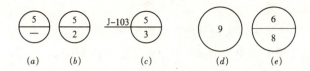

图1-2-19 详图索引

加注该标准图册的编号，如图1-2-19（c）所示。

2）详图符号

详图的位置和编号应以详图符号表示，详图符号应以粗实线绘制，直径应为14mm，并按下列规定编号：

①详图与被索引的图样在同一张图纸内时，应在详图符号内用阿拉伯数字注明该详图的编号，如图1-2-19（d）所示。

②详图与被索引的图样如不在一张图纸内时，可用细实线在详图符号内画一水平直径，并在上半圆中注明详图的编号，在下半圆中注明被索引的图样所在的图纸号，如图1-2-19（e）所示。

(2) 引出线

当图样中的内容有需要用文字或图样加以说明的时候，要用引出线引出。引出线应以细实线绘制，宜采用水平方向、与水平线成45°、60°或90°的直线，或经上述角度再折为水平方向的折线；文字说明宜注写在横线上方，也可注写在横线端部；索引详图的引出线应对准索引符号的圆心；同时引出几个相同部分的引出线，宜相互平行，也可画成集中于一点的放射线，如图1-2-20（a）所示。

多层构造或多层管道共用引出线，应通过被引出的各层，如图1-2-20（b）所示。文字说明宜注写在在线上方，也可注写在横线的端部，说明的顺序由上至下，并应与被说明的层次相互一致；如层为横向排列，则由上至下的说明顺序应与由左至右的层次相互一致。

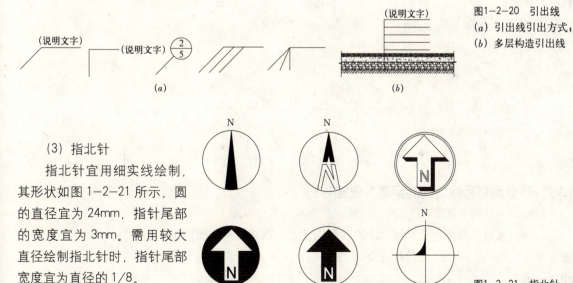

图1-2-20 引出线
（a）引出线引出方式；
（b）多层构造引出线

(3) 指北针

指北针宜用细实线绘制，其形状如图1-2-21所示，圆的直径宜为24mm，指针尾部的宽度宜为3mm。需用较大直径绘制指北针时，指针尾部宽度宜为直径的1/8。

图1-2-21 指北针

第1章 园林制图的基本知识

1.2.7 图例

"国标"规定的图例是一种图形符号,用来表示建筑物构件、建筑材料及设备等。如图 1-2-22 所示为建筑工程中常用的材料图例。为了统一风景园林中常用图例图示,适应风景园林的建设发展,1995 年 7 月 25 日由建设部建标[1995]427 号文发布编号为 CJJ 67—95 的《风景园林图例图示标准》,自 1996 年 3 月 1 日起实施。本标准适用于绘制风景名胜区、城市绿地系统的规划图及园林绿地规划和设计图。

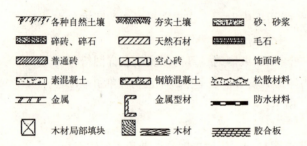

图1-2-22 建筑材料图例

1.3 几何作图

任何工程图,实际上都是由几何图形组合而成的。绘图时,对于几何图形,应当根据已知条件,以几何学的原理及作图方法,用绘图工具和仪器把它准确地画出来。以下介绍一些常用的几何作图方法。

1.3.1 等分线段

已知:直线 AB。求:将其五等分(图 1-3-1)。

作法:过点 A 作任意直线 AC,用圆规(或者)在 AC 上从点 A 开始依次截取相等 d 的 5 段长度,得 1、2、3、4、5 各点,连接 B5,过各等分点分别作直线 B5 的平行线,交于 AB 于四个等分点,即为所求。

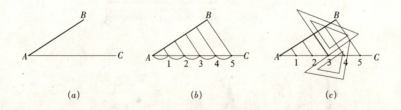

图1-3-1 等分直线段

1.3.2 等分两平行线之间的距离为已知等份

已知:平行线 AB 和 CD。求:将其间的距离八等分(图 1-3-2)。

作法:置直尺 0 刻度于直线 CD 的任意位置上,摆动尺身,使刻度 8(或者 8 的倍数)落在 AB 上,截得各等分点,过各等分点作 AB(或 CD)的平行线,即为所求。

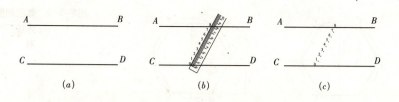

图1-3-2 等分两平行线间的距离

1.3.3 作已知圆的内接正多边形（或称圆周的等分）

（1）内接正方形（图1-3-3）

作法如下。

1）如图1-3-3（b）所示，用45°三角板斜边过圆心作直径交圆周于1、3点。

2）移动三角板，用直角边作垂线14和23。

3）用丁字尺画12和34两水平线，如图1-3-3（c）所示。

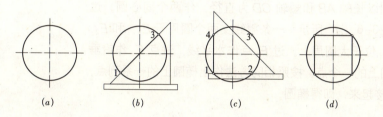

图1-3-3 做已知圆的内接正四边形

（2）内接正五边形

作法如下（图1-3-4）。

1）如图1-3-4（b）所示，作出半径OF的中点G，以点G为圆心，以AG为半径作弧，交直径于点H。

2）以A为圆心，AH为半径画弧，交圆周于点B，则AB长度即为五边形的边长。

3）以点A为起点，用AB长度依次截取五边形的各个顶点，各点连接成线，即得圆的内接正五边形，如图1-3-4（c）所示。

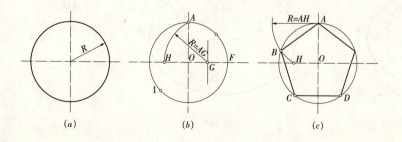

图1-3-4 做已知圆的内接正五边形

（3）内接正六边形

可以用两种方法求作（图1-3-5）：一种是如图1-3-5（b）所示用圆规作图，一种是如图1-3-5（c）所示用三角板作图。

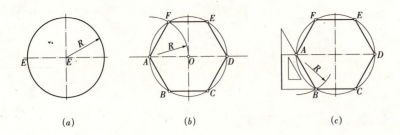

图1-3-5 做已知圆的内接正六边形

1.3.4 椭圆的近似画法

椭圆画法较多,这里只举两例,即已知椭圆长短轴,用同心圆作椭圆和用四心法作近似椭圆。

(1) 同心圆法

以 O 点为圆心,分别以长轴 AB 和短轴 CD 为直径,作两个同心圆。过点 O 作若干射线,如图 1-3-6(a)所示,一条射线交两个圆周于 E_1 和 E_2,其中 E_1 位于小圆周上,E_2 位于大圆周上。过 E_1 点作水平线,过点 E_2 作铅垂线,两直线交点 E 即为椭圆上的一个点。按照相同方法作出椭圆上的一系列点,用圆滑的曲线将这些点连接起来,即得椭圆。

(2) 四心法

1) 画长短轴 AB、CD,延长 OC,在延长线上截取 $OK=OA$,连接 AC,并取 $CE=CK$。

2) 作 AE 的中垂线与长、短轴上交于两点 O_1、O_2,在轴上取对称点 O_3、O_4 得四个圆心。

3) 分别以 O_1、O_2、O_3、O_4 为圆心,以 O_1A、O_2C、O_3B、O_4D 为半径,顺序作四段相连圆弧,即为所求,如图 1-3-6(b)所示。

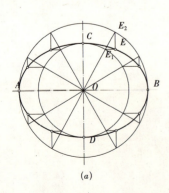 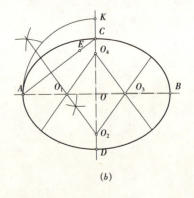

图1-3-6 椭圆的近似画法
(a) 同心圆法;(b) 四点法

1.4 绘图方法和步骤

为了保证图样的质量和提高制图的工作效率,除了要养成正确使用制图工具和仪器的良好习惯外,还必须掌握图线线型的画法以及正确的绘图步骤。绘制的方法与步骤可以概括为:先底稿、再校对、上墨线、最后复核签字。下面就针对仪器作图的方法做一具体介绍。

1.4.1 绘图前的准备工作

(1) 根据绘图的内容,准备好所需要的绘图仪器和工具,并注意保持它们的清洁。

(2) 分析要绘制图样的对象,收集参阅有关资料,做到对所绘图样的内容、要求心中有数。

(3) 绘图样的内容、大小和比例,选定图纸的幅面大小。在选取时,必须遵守国家标准的有关规定。

(4) 将大小合适的图纸用胶带纸(或绘图钉)固定在图板上。固定时,应使丁字尺的工作边与图纸的水平边平行,如果绘图纸较小,应靠近左边来固定,使离画板左边约5cm,离下边约1～2倍的丁字尺宽度。

1.4.2 画铅笔底稿

打底稿时用一般采用H或2H铅笔绘制,并按照以下步骤进行。

(1) 确定比例、布局,使得图形在画面中的位置适中。先按照图形的大小和复杂程度,确定绘图比例,选择图幅,绘制图框和标题栏;然后根据比例估计图形及其尺寸标注所占的空间,再布置图面。

(2) 确定基线。绘制出图形的定位轴、对称中心、对称轴或者基准线等。

(3) 绘制轮廓线。根据图形的尺度绘制主要的轮廓线,勾勒图形的框架。

(4) 绘制细部。按照具体的尺寸关系,绘制出图形各个部分的具体内容。

(5) 标注尺寸。按照国家制图标准的规定,按照图样的实际尺寸进行标注。

(6) 整理、检查。对所绘制的内容进行反复的校对,修改错线和添加漏线,最后擦除多余的线条。

1.4.3 加深图线或上墨

(1) 加深图线

如果铅笔稿作为最后定稿,铅笔图线加深一定要做到粗细分明,通常宽度 b 和 $0.5b$ 的图线常采用B和HB的铅笔加深,宽度为 $0.25b$ 的图线采用H或者2H的铅笔绘制。

用铅笔加深图线应选用适当硬度的铅笔,并按下列顺序进行。

1) 先画上方,后画下方;先画左方,后画右方;先画细线,后画粗线;先画曲线,后画直线;先画水平方向的线段,后画垂直及倾斜方向的线段。

2) 同类型、同规格、同方向的图线可集中画出。

3) 画起止符号,填写尺寸数字、标题栏和其他说明。

4) 仔细核对、检查并修改已完成的图纸。

(2) 上墨

如果最后采用的是墨线稿，则在打底稿之后可以直接描绘墨线。在上墨线的时候，可以按照先曲后直、先上后下、先左后右、先实后虚、先细后粗、先图后框的顺序。如果有画错的的地方，待墨迹干透后，用刀片轻轻刮去，然后进行修改。

1.4.4 复核签字

对于整个图面进行检查，并填写标题栏和会签栏，书写图纸标题等。

本章小结

本章属于园林制图基础知识模块，主要介绍一些常用的绘图工具和仪器的使用方法，介绍关于园林工程图纸绘制过程中的有关国家标准与规范，包括图纸的幅面和格式、图线、字体、比例、尺寸标注、符号、图例等方面内容，介绍了常见几何作图的方法与步骤。通过学习，使学生了解并掌握国家制图标准中的主要内容，掌握基本制图方法，能够利用制图工具精确、快速地完成制图工作，并通过课后作业针对图线、尺寸标注、字体等方面加以练习，提高园林制图能力。

园林制图

第2章 投影作图

本章学习要点：了解投影的形成、基本概念、种类，掌握正投影的基本特性，理解三面投影体系的建立，掌握三面投影的规律。掌握点、线、平面的投影特性。掌握基本形体、组合体的投影特性及作图方法，熟悉形体的尺寸标注，熟悉组合体投影图的识读。

2.1 投影的基本知识

2.1.1 投影法的概念

在平面上用图形表示空间形体时，首先要解决的问题，是如何把空间形体表示到平面上去。在日常生活中，物体在灯光和日光的照射下，会在地面、墙面或其他物体表面上产生影子。这种影子常能在某种程度上显示出物体的形状和大小，并随光线照射方向等的不同而变化。

如图 2-1-1 (a) 所示，一物体在光线的照射下在平面上产生影子，这个影子只能反映出物体的轮廓，而不能表达物体的真实形状。假设光线能够透过物体，将物体各个顶点和各条棱线都在承影面投落出影子，这些点和线的影子将组成一个能够反映出物体形状的图形，如图 2-1-1 (b) 所示，那么这个图形即为该物体的投影。空间中被照射到的物体，称为形体；投影所在的面，称为投影面；形成投影的直线，称为投射线；这种应用投射线在投影面上得到投影的方法，称为投影法。

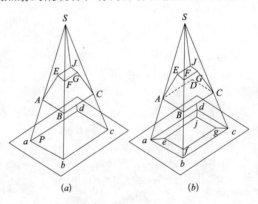

图2-1-1 影子与投影
(a) 物体的影子；
(b) 物体的投影

在图 2-1-1a 中，点 S 成为投影中心，SAa、SBb……称为投射线，承影面 P 为投影面。规定：空间中几何元素用大写字母表示，其投影用相应的小写字母表示。

2.1.2 投影法的分类

形体的投影法可以分为中心投影法和平行投影法两大类。

(1) 中心投影法

当全部的投射线均通过投影中心，称为中心投影法，如图 2-1-2 所示。通过中心投影法得到的形体投影的大小与形体和投影面之间的距离有关。

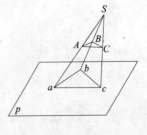

图2-1-2 中心投影法

(2) 平行投影法

当所有的投射线都相互平行，此时，空间几何形体在投影面上也同样得到一个投影，这种投影法称为平行投影法。根据投射线与投影面是否垂直，平行投影法又可以分为正投影法和斜投影法两类。

1) 正投影法：当投射线互相平行，并且垂直于投影面时，这种投影方法称为正投影法，如图 2-1-3 所示。

2) 斜投影法：当投射线相互平行，并且倾斜于投影面时，这种投影方法称为斜投影法，如图 2-1-4 所示。

正投影是绘制园林工程制图的主要绘图原理，因此如无特别说明，所称投影均为正投影。

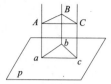

图2-1-3 中心投影法——正投影法

2.1.3 正投影的基本性质

(1) 真实性

点的投影仍为一点，如图 2-1-5 所示；平行于投影面的直线或平面的投影，反映直线的实长或平面的实形，如图 2-1-6、图 2-1-7 所示。图 2-1-6 中，直线 CD 平行于投影面 P，则直线 CD 在该投影面上的正投影 cd 反映空间直线 CD 的真实长度，即：cd=CD。图 2-1-7 中，平面△ABC 平行于投影面 P，则平面△ABC 在该投影面上的正投影△abc 反映空间平面△ABC 的真实形状。

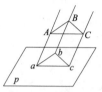

图2-1-4 中心投影法——斜投影法

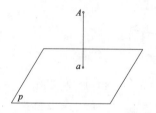
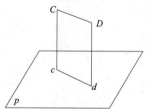
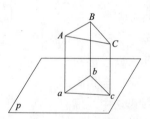

图 2-1-5 点的正投影（左）

图 2-1-6 平行于投影面的直线的正投影（中）

图 2-1-7 平行于投影面的平面的正投影（右）

(2) 积聚性

当直线或平面与投影面垂直时，其投影积聚为一点或一条直线，如图 2-1-8、图 2-1-9 所示。图 2-1-8 中，直线 AB 垂直于投影面 P，则直线 AB 在该投影面上的正投影积聚为一个点。图 2-1-9 所示，平面△ABC 垂直于投影面 P，则该平面在该投影面上的正投影积聚为一直线 ac。

(3) 类似性

当直线或平面与投影面倾斜时，其直线的投影小于实长；平面的投影为

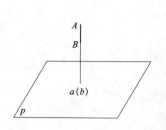
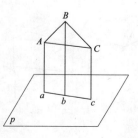

图 2-1-8 垂直于投影面的直线的正投影（左）

图 2-1-9 垂直于投影面的平面的正投影（右）

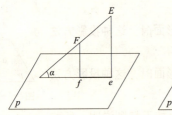
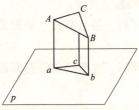

图 2-1-10 倾斜于投影面的直线的正投影（左）

图 2-1-11 倾斜于投影面的平面的正投影（右）

小于实形的类似形，如图 2-1-10、图 2-1-11 所示。图 2-1-10 中，直线 EF 倾斜于投影面，在该投影面上直线 EF 的投影 ef 长度变短，即：$ef = EF\cos\alpha$。图 2-1-11 中，平面 ABC 倾斜于投影面 P，其正投影 △abc 为面积变小了的三角形。

2.1.4 形体的三面投影

（1）视图

按照正投影法，将形体向投影面投影所得到的正投影图称为视图，视图即为投影，如图 2-1-12 所示。

（2）三面投影的形成

如图 2-1-13 所示，5 个形状不同的形体按照图示方向投影到一个投影面上，得到一个完全相同的视图。这说明在正投影法中，只有

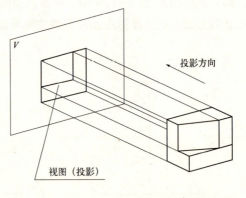

图 2-1-12 视图

一个投影一般不能反映物体的真实形状和大小。因此，工程图中采用多面正投影来表达物体，基本的表达方法是用三个视图结合起来完整的表达形体的形状和大小。图 2-1-14 所示，是按照国家标准规定设立的三个互相垂直的投影面，称为三投影面体系。三个投影面中，位于水平位置的投影面成为水平投影面，

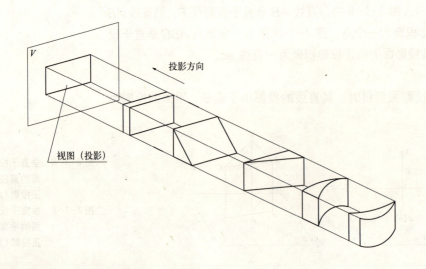

图 2-1-13 一个视图不能确定形体的形状和大小

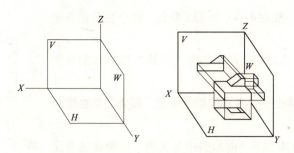

图 2-1-14 三面投影体系的建立（左）
图 2-1-15 形体的三面投影（右）

用大写字母"H"表示；位于观察者正前方的投影面称为正立面投影面，用大写字母"V"表示；位于观察者右方的投影面称为侧立面投影，用大写字母"W"表示。三个投影面两两相交，得到三条互相垂直的交线 OX、OY、OZ，称为投影轴。三个投影轴的交点 O，称为原点。

如图 2-1-15 所示，将形体放在三面投影体系中，将形体向各个投影面进行投影，即可得到三个方向的正投影图，即形体的三面投影。三个视图的名称分别称为：正面图、平面图、侧面图。

正面图：从形体的上方向下方投射，在 H 面得到的视图，也称水平投影。
平面图：从形体的前方向后方投射，在 V 面得到的视图，也称正投影。
侧面图：从形体的左方向右方投射，在 W 面得到的视图，也称侧面投影。

(3) 三面投影的展开

为了把三面投影绘在一个平面上，必须按照规定将三投影面展开，如图 2-1-16 所示。规定：V 面保持不动，H 面绕 OX 轴向下旋转 90°，侧面 W 绕 OZ 轴向右旋转 90°，使 H、V、W 三面展开在同一个平面上。这时，OY 轴分为两条，随 H 面的部分标记为 OYH，随 W 面的部分标记为 OYW。展开后三面投影的位置关系为：正面图再上，平面图在正面图的正下方，侧面图在正面图的正右方，如图 2-1-17 所示。

(4) 三面投影的投影关系和方位关系分析

1) 三面投影的方位关系

形体都有前、后、左、右、上、下等六个方位的关系，这六个方位在三

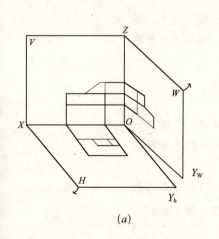

(a)

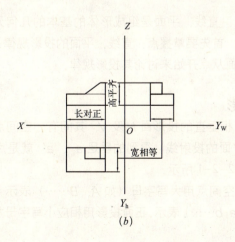

(b)

图 2-1-16 三面投影的展开
(a) 三面投影的展开方法；(b) 三视图之间的投影规律

面投影中都有反映。从图 2-1-16、图 2-1-17 中可以看出，每个视图都表示物体的四个方位和两个方向：

H 面投影（平面图）反映了物体左右、前后的相互关系，即物体的长度和宽度；

V 面投影（正面图）反映了物体上下、左右的相互关系，即物体的高度和长度；

W 面投影（侧面图）反映了物体上下、前后的相互关系，即物体的高度和宽度。

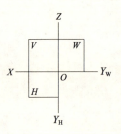

图2-1-17 三面投影的位置关系

在投影图上明确形体的方位，对读图示很有帮助的。应对照直观图和平面图，熟悉形成、展开和还原过程，以准确判断形体的方位关系。尤其应当注意：前后关系的判断中，远离 V 面投影的一面是物体的前面，靠近 V 面投影的一边是物体的后面。

2）三面投影的投影关系：

从图 2-1-16、图 2-1-17 中可以看出，H 面投影（平面图）反映形体的长和宽，V 面投影（正面图）反应形体的长和高，W 面投影（侧面图）反映形体的高和宽。故同一形体的三面投影之间具有如下"三等"关系：

H 面投影（平面图）和 V 面投影（正面图）长度相等，故它们之间保持"长对正"的投影关系；

W 面投影（侧面图）和 V 面投影（正面图）高度相等，故它们之间保持"高平齐"的投影关系；

H 面投影（平面图）和 W 面投影（侧面图）宽度相等，故它们之间保持"宽相等"的投影关系。

由此可以得出三面投影的投影关系，即"长对正、高平齐、宽相等"。这时画图和看图必须遵循的投影规律，无论是整个形体还是形体的局部，都要符合这条规律。

2.2 点的投影

在几何学中，点、直线、平面是组成形体的基本的几何元素。因此，要学习形体的投影规律，首先要掌握点、直线、平面的投影规律，其中点又是最基本的几何元素，下面从点开始来讨论其投影规律。

2.2.1 点的两面投影

首先建立两个互相垂直的投影面 H 及 V，其间有一空间点 A，过点 A 分别引垂直于 H 面和 V 面的投射线，得到的垂足 a、a' 就是点 A 的水平投影和正立面投影，如图 2-2-1 所示。

规定：图示时，空间点用大写字母（如 A、B……）表示，点的水平投影用相应小写字母（如 a、b……）表示，正面投影用相应小写字母加一撇（如 a'、

b'……）表示。

从图 2-2-1 可知，若移去空间点 A，由点的两个投影 a、a' 就能确定该点的空间位置。另外，由于两个投影平面是相互垂直的，可在其上建立笛卡尔坐标体系，如图 2-2-2 所示。已知 a，即已知 x、y 两个坐标。已知 a'，即已知 x、z 两个坐标。因此，已知空间点 A 的两个投影 a 及 a'，即确定了空间点 A 的 x、y 及 z 三个坐标，也就唯一地确定该点的空间位置。

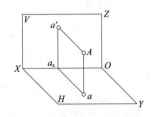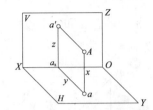

图 2-2-1 点的两面投影（左）

图 2-2-2 两个投影能唯一确定空间点（右）

如图 2-2-3（a）所示，为使两个投影 a 和 a' 画在同一平面（图纸）上，规定将 H 面绕 OX 轴按图示箭头方向旋转 $90°$，使它与 V 面重合，这样就得到如图 2-2-3（b）所示点 A 的两面投影图。投影面可以认为是任意大，通常在投影图上不画它们的范围，如图 2-2-3（c）所示。投影图上细实线 $a\,a'$ 称为投影连线。

由于图纸的图框可以不用画出，所以今后常常利用图 2-2-3（c）所示的两面投影图来表示空间的几何原形。

如图 2-2-3（a）所示，因为投射线 $Aa \perp H$ 面、$Aa' \perp V$ 面，故平面 Aaa_xa' 也垂直于 H 面和 V 面的交线 OX（若两相交平面垂直于第三平面，其交线也垂直于第三平面）。所以处于平面 Aaa_xa' 上的直线 aa_x 和 $a'a_x$ 必垂直于 OX，即 $aa_x \perp OX$ 和 $a'a_x \perp OX$。当 a 跟着 H 面旋转而和 V 面重合时，则 $aa_x \perp OX$ 的关系不变。因此投影图上的 a、a_x、a' 三点共线，且 $a'a_x \perp OX$。

从图中还可以看出，点 A 的水平投影 a 到 OX 轴的距离（aa_x）等于该点到 V 面的距离（Aa'），都反映 y 坐标（$aa_x=Aa'=y$）；其正面投影 a' 到 OX 轴的距离（$a'a_x$）等于该点到 H 面的距离（Aa），都反映 z 坐标（$a'a_x=Aa=z$）。

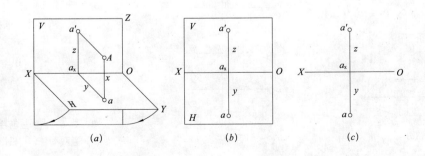

图 2-2-3 两面投影图的画法
（a）两投影面体系；（b）两面投影图；（c）不画投影面的范围

由此，可以得出空间一点的两面投影规律：

(1) 点的正面投影和水平投影的连线垂直于投影轴 OX，即 $aa' \perp OX$ 轴；

(2) 点的正面投影到 OX 轴的距离等于该点到 H 面的距离；点的水平投影到 OX 轴的距离等于该点到 V 面的距离，即 $a'a_x=Aa$，$aa_x=Aa'$。

2.2.2 点的三面投影

在第一节中我们已经知道，只有一个投影不能确定空间中一物体的形状和大小。为更清楚地表达物体，需要把物体放在三面投影体系中进行投影。例如图 2-2-4 中所示的几何体投影，相同的正面和水平投影，只有确定了其第三面投影，才能清楚地表示出该几何体的形状。

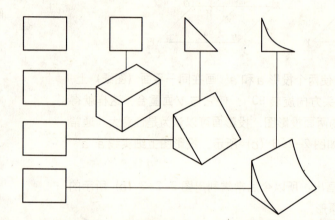

图2-2-4 需用三面投影图表示的几何体

由于三投影面体系是在两投影面体系基础上发展而成，因此两投影面体系中的术语及规定、投影规律，在三投影体系中仍适用。此外，还规定空间点在侧立面上的投影，用相应的小写字母加两撇表示（如 a''、b'' …），如图 2-2-5 所示。

空间点 A 分别向三个投影面作正投影，也就是过点 A 分别作垂直于 H、V、W 面的投射线，与三个投影面的交点，即为点 A 的三面投影。

移去空间点 A，将投影体系展开，形成三面投影图，如图 2-2-5（b）所示。

如图 2-2-5（a）所示，通过点 A 的各投射线和三条投影轴形成一个长方

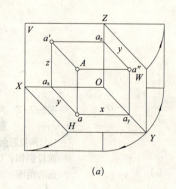
(a)

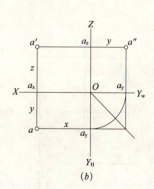
(b)

图2-2-5 点的三面投影
(a) 直观图；(b) 投影图

体,其中相交的边彼此垂直,相互平行的边长度相等。当投影体系展开后,可知点的三面投影具有以下特性:

(1) 点的投影连线垂直于投影轴,即 $aa' \perp OX$,$a'a'' \perp OZ$,$aa_y \perp OY_H$、$a''a_y \perp OY_W$。

(2) 点的投影到投影轴的距离等于该空间点到相应的投影面的距离,即 $a'a_x = a''a_y = Aa$;$aa_x = a''a_z = Aa'$;$aa_y = a'a_z = Aa''$。

【例 2-1】如图 2-2-6(a) 所示,已知点 B 的正面投影 b' 及侧面投影 b'' 试求其水平投影 b。

分析:根据点的两个投影可以求作其第三面投影。由点的三面投影的特性,所求点 B 的水平投影 b 与正面投影 b' 的连线垂直于 OX 轴,且 b 到 OX 轴的距离等于侧面投影 b'' 到 OZ 轴的距离。

作图如图 2-2-6(b) 所示:

① 过 b' 作定 OX 轴的垂线 $b'b_x$,图 2-2-6(b) 所示;
② 由 b'' 作 OY_W 轴的垂线 $b''bY_W$;
③ 在 $b'b_x$ 的延长线上截取 b_xb 等于 $b''b_z$,即求得点 B 的水平投影 b。

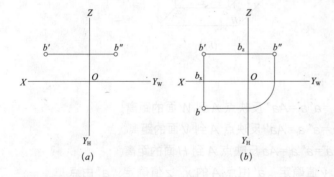

图 2-2-6 根据点的两个投影,求第三投影
(a) 已知;(b) 作图

2.2.3 特殊位置点的投影

特殊情况下,空间中一点有可能处于投影面或投影轴上。

(1) 位于投影面上的点

如图 2-2-7(a) 所示,点 A、B、C 分别处于 V 面、H 面、W 面上,它们的投影如图 2-2-7(b) 所示,由此得出处于投影面上的点的投影性质:

1) 点的一个投影与空间点本身重合;

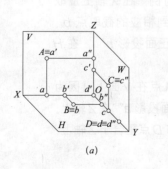
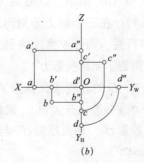

图 2-2-7 投影面及投影轴上的点
(a) 直观图;(b) 投影图

第 2 章 投影作图 37

2)点的另外两个投影,分别处于不同的投影轴上。

(2)位于投影轴上的点

如图 2-2-7,所示,当点 D 在 OY 轴上时,点 D 和它的水平投影、侧面投影重合于 OY 轴上,点 D 的正面投影位于原点。

2.2.4 点的三面投影与直角坐标的关系

将投影面体系当作空间直角坐标系,把 V、H、W 当作坐标面,投影轴 X、Y、Z 轴当作坐标轴,O 作为原点。如图 2-2-8 所示,点 A 的空间位置可以用直角坐标(x, y, z)来表示。

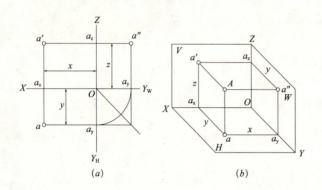

图2-2-8 点的空间位置与直角坐标

点 A 的 X 坐标值 $=oa_x=aa_y=a'a_z=Aa''$ 反映点 A 到 W 面的距离。

Y 坐标值 $=oa_y=aa_x=a''a_z=Aa'$ 反映点 A 到 V 面的距离。

Z 坐标值 $=oa_z=a'a_x=a''a_y=Aa$ 反映点 A 到 H 面的距离。

由此得出,a 由点 A 的 x、y 值确定,a' 由点 A 的 x、z 值确定,a'' 由点 A 的 y、z 值确定。

【例 2-2】已知 A(28, 0, 20)、B(24, 12, 12)、C(24, 24, 12)、D(0, 0, 28)4 点,试在三投影面体系中作出直观图,并画出投影图。

分析:由于把三投影面体系与空间直角坐标系联系起来,所以已知点的三个坐标就可以确定空间点在三投影面体系中的位置,此时点的三个坐标就是该点分别到三个投影面的距离。

作图:作直观图,如图 2-2-9(a)所示,以 B 点为例,在 X 轴上量取 24,Y 轴上量取 12,Z 轴上量取 12,在三个轴上分别得到相应的截取点 b_x、b_y 和 b_z,过各截点作对应轴的平行线,则在 V 面上得到正面投影 b',在 H 面上得到水平投影 b,在 W 面上得到了侧面投影 b''。

同样的方法,可作出点 A、C、D 的直观图。其中 A 点在 V 面上(因为 $Y_A=0$),其正面投影 a' 与 A 重合,水平投影 a 在 X 轴上,侧面投影 a'' 在 Z 轴上。D 点在 Z 轴上($X_D=Y_D=0$),其正面投影 d'、侧面投影 d'' 与 D 点重合于 Z 轴上,水平投影 d 在原点 O 处。

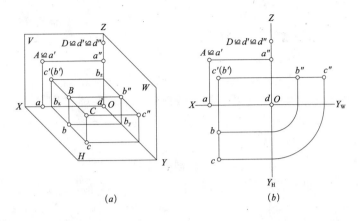

图2-2-9 由点的坐标作直观图和投影图
(a) 直观图;(b) 投影图

点 B 和点 C 有两个坐标相同($X_B=X_C, Z_B=Z_C$),所以它们是对 V 面的重影点。它们的第三个坐标 $Y_B<Y_C$,正面投影 c' 可见,b' 不可见加上圆括号。

根据各点的坐标作出投影图,如图 2-2-9(b)所示。

2.2.5 两点的相对位置及重影点

(1) 两点相对位置的判断

空间中两点间的相对位置,是指在三面投影体系中,一个点处于另一个点的上、下、左、右、前、后的问题。它们的相对位置可以在投影图中由两点的同面投影(在同一投影面上的投影称为同面投影)的坐标大小来判断。Z 坐标大者在上,反之在下;Y 坐标大者在前,反之在后;X 坐标大者在左,反之在右。如图 2-2-10 所示,判断 A、C 两点的相对位置:$Z_A>Z_C$,因此点 A 在点 C 之上;$Y_A>Y_C$,点 A 在点 C 之前;$X_A<X_C$,点 A 在点 C 之右,结果是点 A 在点的右前上方。

综上所述可得出在投影图上判断空间两点相对位置关系的具体方法:

判断上下关系:根据两点间 Z 坐标大小确定。也就是根据两点在 V 面或 W 面的投影的上、下关系直接判定。Z 坐标大者在上,反之在下。

判断左右关系:根据两点间 X 坐标大小确定。也就是根据两点在 H 面或 V 面的投影的左、右关系直接判定。X 坐标大者在左,反之在右。

判断前后关系:根据两点间 Y 坐标大小确定。也就是根据两点在 H 面或 W 面的投影的前、后关系直接判定。Y 坐标大者在前,反之在后。

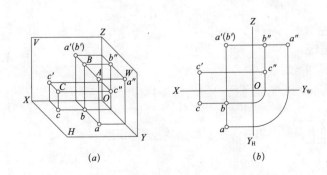

图2-2-10 两点的相对位置及重影点
(a) 直观图;(b) 投影图

(2) 重影点及可见性

当空间两点在对投影面的同一条投射线上，则在该投影面上此二点的投影便相互重合，这两点称为对该投影面的重影点。

如图 2-2-10 所示，A、B 两点位于垂直于 V 面的同一条投射线上（$X_A=X_B$，$Z_A=Z_B$），正面投影 a' 和 b' 重合于一点。由水平投影（或侧面投影）可知 $Y_A>Y_B$，即点 A 在点 B 的前方。因此，点 B 的正面投影 b' 被点 A 的正面投影 a' 遮挡，是不可见的，规定在 b' 上加圆括号以示区别。

总之，某投影面上出现重影点，判别哪个点可见，应根据它们相应的第三个坐标的大小来确定，坐标大的点是重影点中的可见点。

2.3 直线的投影

2.3.1 直线的投影

从几何学可知，空间任意两点确定一条直线，为便于绘图，在投影图中通常使用有限长的线段来表示直线。一般情况下，直线的投影仍是直线，因此在投影图中，只要做出直线上任意两点的投影，并将其同面投影相连，即可得到直线的投影，如图 2-3-1（a）所示。作一般直线 AB 的三面投影，可分别作出它的两端点 A 和 B 的三面投影 a、a'、a'' 和 b、b'、b''，然后将两点的同面投影相连，即可得到直线 AB 的三面投影 ab、$a'b'$、$a''b''$，如图 2-3-1（b）、（c）所示。

直线对各个投影面的倾角，就是该直线和它在该投影面上的投影所夹的角，如图 2-3-1（a）所示。对 H 面的倾角用 α 表示，对 V 面的倾角用 β 表示，对 W 面的倾角用 γ 表示。

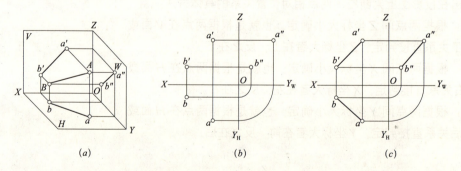

图2-3-1 直线的投影
（a）直观图；（b）直线两端点的三面投影；（c）直线的投影

2.3.2 各种位置直线的投影特性

(1) 直线对一个投影面的投影特性

直线对一个投影面的正投影特性与前述平行投影的投影特性一样，有下述三种情况：

1) 积聚性：当直线垂直于投影面时，它在该投影面上的投影积聚为一点，如图 2-3-2（a）所示。

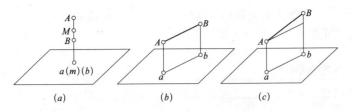

图2-3-2 直线对投影面的各种位置
(a) 直线垂直于投影面；(b) 直线平行于投影面；(c) 直线倾斜于投影面

2) 实形性：当直线平行于投影面时，它在该投影面上的投影反映实长，即投影长度等于线段的实际长度，如图 2-3-2（b）所示。

3) 类似性：当直线倾斜于投影面时，它在该投影面上的投影是缩短了的直线段，如图 2-3-2（c）所示。

(2) 直线在三投影体系中的投影特性

直线按其与投影面的相对位置分为三类：投影面垂直线、投影面平行线、一般位置直线。其中，投影面垂直线和投影面平行线统称为特殊位置直线。不同位置的直线具有不同的投影特性。

1) 投影面平行线

仅与一个投影面平行，与另外两个投影面倾斜的直线称为投影面平行线。其中，平行于 H 面的直线称为水平线；平行于 V 面的直线称为正平线；平行于 W 面的直线称为侧平线。下面以水平线为例，分析其投影特性。

如图 2-3-3（a）所示，直线 AB 平行于水平面，因此它在水平面的投影反映实形，倾斜于 OX 轴和 OY_H 轴。直线 AB 在其他两个投影面的投影都平行于相应的投影轴。如图 2-3-3（b）所示，AB//H，所以，AB=ab，a′b′//OX 轴、a″b″//OY_H 轴。ab 与 X 轴夹角 β 及 ab 与 Y 轴夹角 γ 分别反映该直线与 V 面和 W 面的倾角。

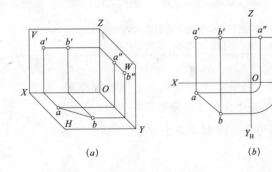

图2-3-3 水平线的三面投影
(a) 空间分析；(b) 投影图

正平线、侧平线的投影特性见表 2-3-1。

综上分析可知投影面平行线的投影共性：

①直线在所平行的投影面上的投影，反映线段的实长，它与两投影轴的夹角反映空间直线与另两个投影面的真实倾角。

②其余两个投影分别平行于相应的投影轴且均小于实长。

2) 投影面垂直线

垂直于一个投影面的直线（一定平行于其他两个投影面），称为投影面垂直线。垂直 H 面的直线称为铅垂线;垂直于 V 面的直线称为正垂线;垂直于 W 面的直线称为侧垂线。下面以正垂线为例,分析其投影特性。

投影面平行线　　　　　　　　　　　　表 2-3-1

位置	两面投影	三面投影	特征	特性	空间情况
水平线			正面投影平行于 OX 轴,侧面投影平行于 OY_W 轴	$ab=AB$,ab 与 OX 轴、OY_H 轴的夹角分别反映 AB 与 V 面、W 面的倾角	
正平线			水平投影平行于 OX 轴,侧面投影平行于 OZ 轴	$a'b'=AB$,$a'b'$ 与 OX 轴、OZ 轴的夹角分别反映 AB 与 H 面、W 面的倾角	
侧平线			正面投影平行于 OZ 轴,水平投影平行于 OY_H 轴	$a''b''=AB$,$a''b''$ 与 OZ 轴、OY_W 轴的夹角分别反映 AB 与 V 面、H 面的倾角	

(1)直线在所平行的投影面上的投影,反映该线段的实长和对其他两个投影面的倾角;
(2)直线在其他两个投影面上的投影分别平行于相应的投影轴,且都小于该线段的实长

投影面垂直线在它所垂直的投影面上的投影积聚为一点。由于投影面垂直线与其他两个投影面平行,所以它在其他两个投影面的投影平行于相应的投影轴,并反映实长。如图 2-3-4 所示,图中正垂线 IJ 垂直于 V 面,因此,i'

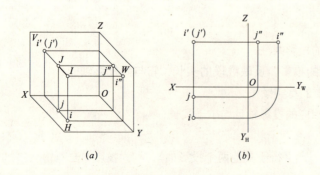

图2-3-4　正垂线的三面投影
(a)空间分析;(b)投影图

j' 积聚为一点 $i'(j')$，ij∥OY_H 轴，$a''b''$∥OY_W 轴，$ij=i'j'=IJ$

铅垂线，侧垂线的投影特性见表 2-3-2。

综上分析可知投影面垂直线的投影共性：

①直线在所垂直的投影面上的投影，积聚为一点。

②直线在其余两个投影面上的投影均反映线段的实长，且垂直于相应的投影轴。

3) 一般位置直线

倾斜于三个投影面的直线，称为一般位置直线。如图 2-3-5 所示，直线 AB 倾斜于三个投影面，因此，在三个投影面上的投影倾斜于投影轴，其投影长度都小于实长。

一般位置直线的投影特性：

①一般位置直线的三个投影均与投影轴倾斜，且小于实长。

②一般位置直线各投影与投影轴的夹角不反映空间直线与投影面的倾角。

投影面垂直线 表 2-3-2

位置	两面投影	三面投影	特征	特性	空间情况
正垂线	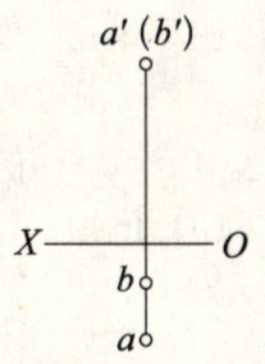	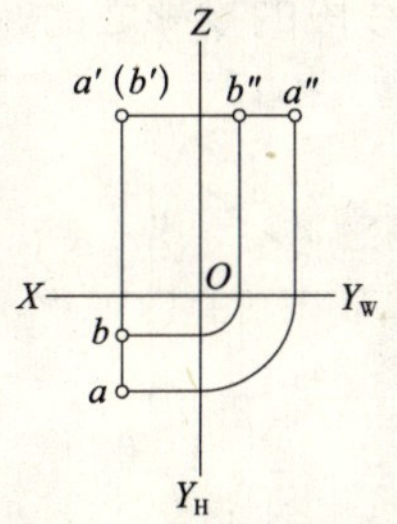	正面投影积聚为一点	水平投影和侧面投影均反映实形，且分别垂直于 OX 轴和 OZ 轴	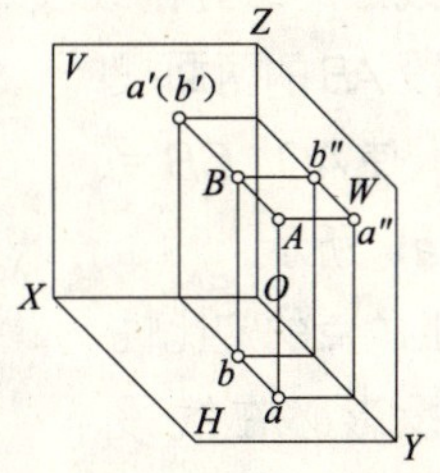
铅垂线	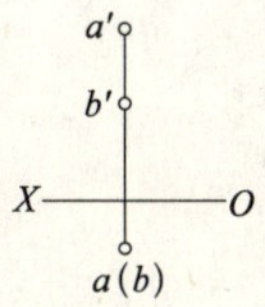	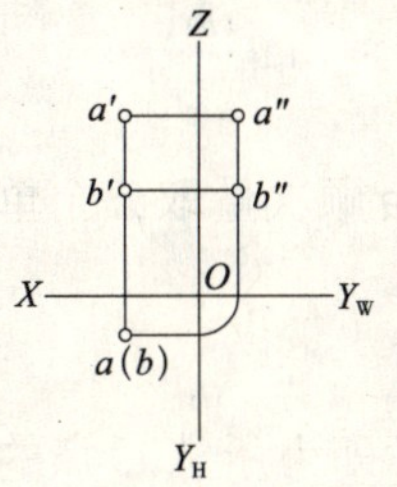	水平投影积聚为一点	正面投影和侧面投影均反映实形，且分别垂直于 OX 轴和 OY_W 轴	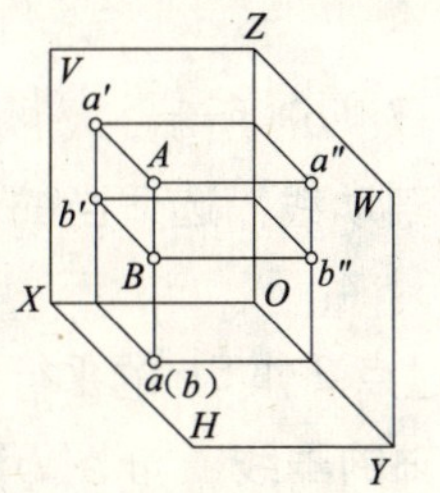
侧垂线	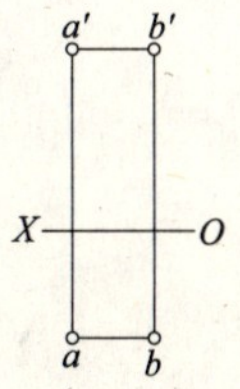	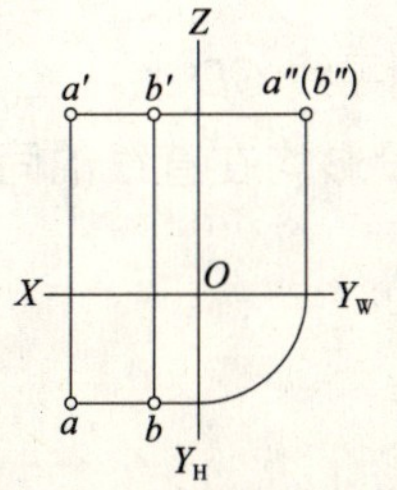	侧面投影积聚为一点	水平投影和正面投影均反映实形，且分别垂直于 OY_H 轴和 OZ 轴	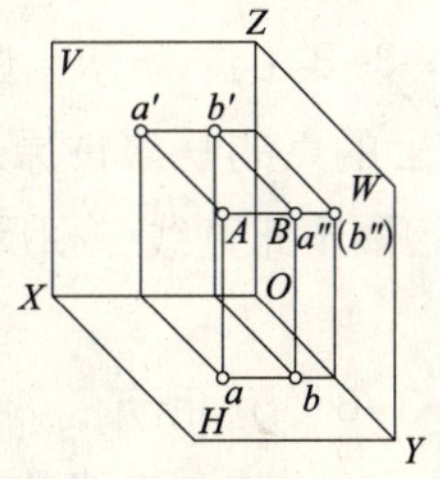

（1）直线在所垂直的投影面上的投影积聚为一点；
（2）直线在其他两个投影面上的投影分别垂直于相应的投影轴，且反映该线段的实长

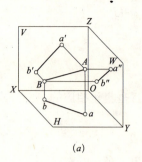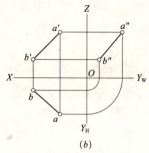

图2-3-5 一般位置直线的三面投影
(a) 空间分析;(b) 投影图

2.3.3 直线上的点

如图 2-3-6 所示,点 K 在线段 AB 上,点 K 的投影 k 在线段 AB 的同面投影上 ab 上。由几何学定理可知,$AK:KB=ak:kb$;同理,点 K 的 V 面投影 k' 在 $a'b'$ 上,点 K 的 W 面投影 k'' 在 $a''b''$ 上,且 $AK:KB=ak:kb=a'k':k'b'=a''k'':k''b''$。

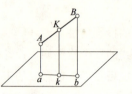

图2-3-6 直线上的点的投影特性

由此就可以得出直线上的点的投影特性:

(1) 从属性:直线上的点的投影,必在直线的同面投影上。

(2) 定比性:直线上的点分割线段之比等于其投影分割线段的投影之比。

【例2-3】 已知线段 AB 的两面投影,试在 AB 上求一点 C,使 $AC:CB=2:3$,如图 2-3-7 (a) 所示。

分析:根据直线上的点的定比性原理,所求点 C 的投影必在线段 AB 的同面投影上,而且 $ac:cb=a'c':c'b'=2:3$。

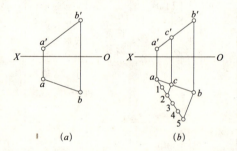

图2-3-7 作分割直线 AB 成 $2:3$ 的点 C
(a) 已知;(b) 作图

作图:如图 2-3-7 (a) 所示。

①自点 a 任作一辅助线,选适当的长度为单位长,从 a 顺次量取五个单位长度,得点 1、2、3、4、5。

②连接 5 和 b,过点 2 作 $5b$ 的平行线,交 ab 与 c。

③过点 c 作 OX 轴的垂线,与 $a'b'$ 交于 c',则 c、c' 即为所求 C 点的两面投影。

【例2-4】 如图 2-3-8 (a) 所示,试判断 K 点是否在侧平线 CD 上?

分析:根据直线上的点的从属性原理,如果点的各个投影均在直线的同面投影上,则该点一定属于此直线,相反,点不属于此直线。

作图:

方法一:如图 2-3-8 (b) 所示。

①建立 W 投影面,作出点和直线的 W 面投影。

②由点和直线的侧立面投影可见,k'' 不在 $c''d''$ 上,从而判定 K 点不在 CD 上。

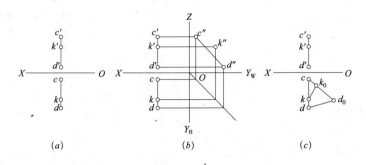

图2-3-8 判断K点是否在侧平线CD上
(a) 已知；(b) 方法一；(c) 方法二

方法二：如图2-3-8 (c) 所示。
①过c任作一直线，在其上量取ck_0=$c'k'$、k_0d_0=$k'd'$
②分别将k和k_0、d和d_0连成直线。
③由于kk_0不平行于dd_0，因此，$c'k':k'd' \neq ck:kd$，所以，K点不在CD上。

2.3.4 两直线的相对位置

两直线在空间相对位置有平行、相交、交叉（异面）三种情况，前两种属于同一平面内的两直线，后一种为异面两直线。

两直线平行

投影规律：若空间两直线相互平行，则它们的同面投影必相互平行；反之，两直线的各同面投影平行，则两直线在空间必然平行。如图2-3-9所示，已知AB∥CD，则ab∥cd，$a'b' \parallel c'd'$。

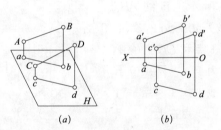

图2-3-9 两直线平行
(a) 空间分析；(b) 投影图

注意：当空间两直线同时是某个投影面的平行线时，则要看它们在所平行的那个投影面上的投影是否平行，才能判断其是否平行。如图2-3-10所示，两条侧平线AB、CD的V、H面投影均互相平行，但仅凭此两投影不能判定AB∥CD，还需作出W面投影来进行判定。因为$a''b''$不平行于$c''d''$，所以，AB不平行于CD。

(1) 两直线相交

投影规律：空间相交两直线，其同面投影均相交，且交点符合点的投影规律。反之，若两直线的同面投影均相交，其交点同属于两直线，则它们在空

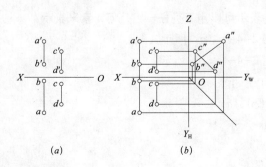

图2-3-10 判定两侧平线是否平行
(a) 两面投影；(b) 三面投影

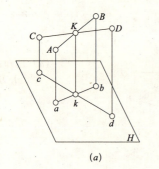 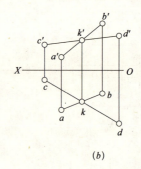

图2-3-11 两直线相交
(a) 空间分析；(b) 投影图

间也一定是相交的。

如图 2-3-11 所示，相交两直线 AB 和 CD，它们的交点为 K。在投影图中，k 为 ab、cd 的交点，k' 为 a'b'、c'd' 的交点，k 与 k' 的连线垂直于投影轴。

(2) 两直线交叉

投影规律：既不平行又不相交的两直线称为交叉两直线。

交叉两直线的同面投影可能平行，如图 2-3-10 所示；也可能相交，但投影的交点不会符合点的投影规律，而是两直线上不同的两点在同一投影面上重合投影。

如图 2-3-12 所示，直线 AB、CD 为两交叉直线，ab、cd 的交点实际上是 AB 上的 I 点和 CD 上的 II 点的重合投影，因为 I、II 两点位于同一条投射线上，故 I、II 两点是对 H 面的一对重影点。I 点在上，II 点在下，在 H 面投影中，1 为可见点，

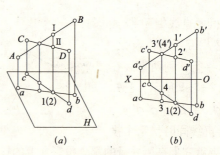

图2-3-12 两直线交叉
(a) 空间分析；(b) 投影图

2 为不可见点，标记为 (2)。同理，a'b'、c'd' 的交点是 AB 上的 III 点、CD 上的 IV 点的重合投影，由 H 面投影可见，3 点在前，4 点在后，故在 V 面投影上，3' 为可见点，4' 为不可见点，标记为 (4')。

2.4 平面的投影

2.4.1 平面的表示方法

平面是无限延伸的，那么平面的表示可以用下列任一组几何元素来表示：

(1) 不在同一直线的三点，如图 2-4-1 (a) 所示；
(2) 一直线和直线外一点，如图 2-4-1 (b) 所示；
(3) 两平行线，如图 2-4-1 (c) 所示；
(4) 两相交直线，如图 2-4-1 (d) 所示；
(5) 平面图形，如图 2-4-1 (e) 所示。

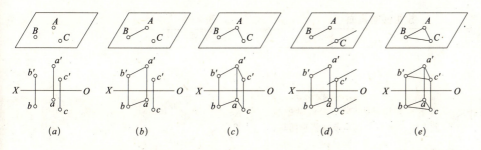

图2-4-1 几何要素表示平面
(a) 不在同一直线的三点；(b) 一直线和直线外一点；(c) 两相交直线；(d) 两平行线；(e) 平面图形

2.4.2 各种位置平面及其投影特性

平面按与投影面的相对位置可分为三类：投影面平行面；投影面垂直面；一般位置平面。其中，投影面平行面和投影面垂直面统称为特殊位置平面。不同位置的平面具有不同的投影特性。

(1) 投影面垂直面

指垂直于一个投影面于其他两个投影面倾斜的平面，称为投影面垂直面。垂直面分三种：

垂直于 H 面的平面称为铅垂面；垂直于 V 面的平面称为正垂面；垂直于 W 面的平面称为侧垂面。下面以正垂面为例，分析其投影特性。如图 2-4-2 所示，平面 T 垂直于 V 面，与 H 面、W 面处于倾斜位置，是正垂面，其的投影特点为：

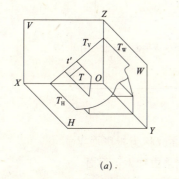
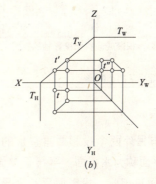

图2-4-2 正垂面的三面投影
(a) 空间分析；(b) 投影图

1) 正面投影积聚为一条直线。该平面上的所有点、线及平面都积聚在它的正面投影上。

2) 水平投影和侧面投影都是缩小了的类似图形。

在三面投影体系中，由于平面对投影面所处的相对位置的不同，它们的投影也有不同的特点，见表 2-4-1。

综上分析可知投影共性：

①在平面所垂直的投影面上的投影积聚成一斜线，它与投影轴的夹角分别反映该平面与相应投影面的夹角。

②在另外两个投影面的投影为小于实形的类似形。

投影面垂直面　　　　　　　　　表 2-4-1

位置	三面投影	特征	特性	轴测图
铅垂面		水平投影积聚为斜直线	水平投影与 OX 轴、OY_H 轴的夹角反映铅垂面与 V 面、W 面的倾角	
正垂面		正面投影积聚为斜直线	正面投影与 OX 轴、OZ 轴的夹角反映铅垂面与 H 面、W 面的倾角	
侧垂面		侧面投影积聚为斜直线	侧面投影与 OZ 轴、OY_W 轴的夹角反映铅垂面与 V 面、H 面的倾角	

（1）平面在所垂直的投影面上的投影，积聚成倾斜于投影轴的直线，并反映该平面对其他两个投影轴的倾角；
（2）平面的其他两个投影都是面积缩小了的类似形

(2) 投影面平行面

指平行于一个投影面（与另外两个投影面垂直）的平面，称为投影面平行面。其中，平行于 H 面的平面称为水平面；平行于 V 面的平面称为正平面；平行于 W 面的平面称为侧平面。因此，投影面平行面是投影面垂直面的特殊情况。

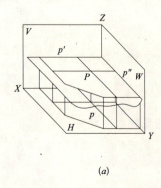
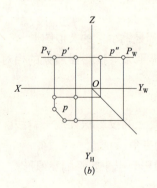

图 2-4-3　水平面的三面投影
(a) 空间分析；(b) 投影图

下面以水平面为例，分析其投影特性，如图 2-4-3 所示。平面 P 平行于 H 面，分别垂直于 V 面和 W 面，它具有以下的投影特点：

1）水平投影反映实形。
2）正面投影和侧面投影都是都是具有积聚性的直线，且 p' // OX、p'' // OY_W。

正平面和侧平面的投影特性详见表 2-4-2。

综上分析可知，投影面平行面的投影共性：
1）在所平行的投影面上的投影反映实形。
2）在其他两个投影面的投影，积聚成直线且平行于相应的投影轴。

投影面平行面　　　　　　　　　　表 2-4-2

位置	三面投影	特征	特性	轴测图
水平面	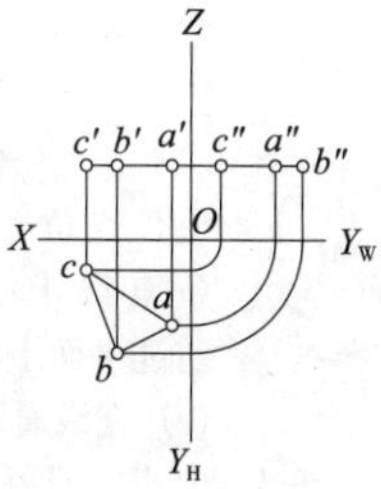	正投影面的积聚投影平行于 OX 轴，侧投影面的积聚投影平行于 OY_W 轴	水平投影反映实形	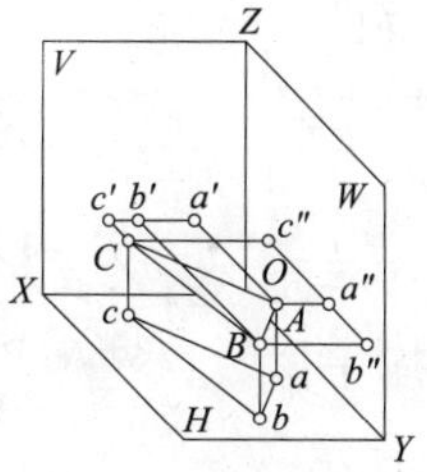
正平面	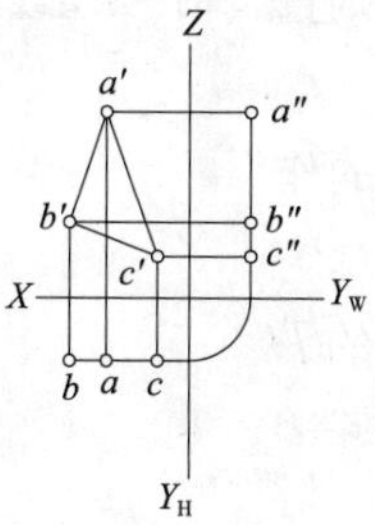	水平投影的积聚投影平行于 OX 轴，侧投影面的积聚投影平行于 OZ 轴	正面投影反映实形	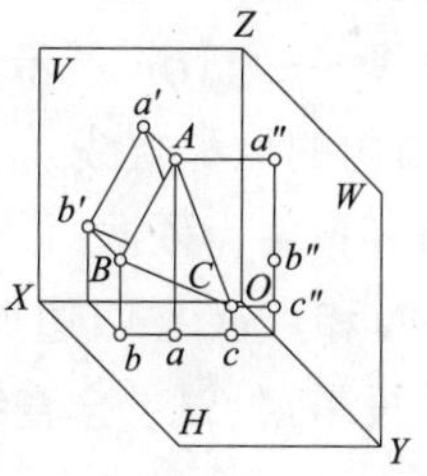
侧平面	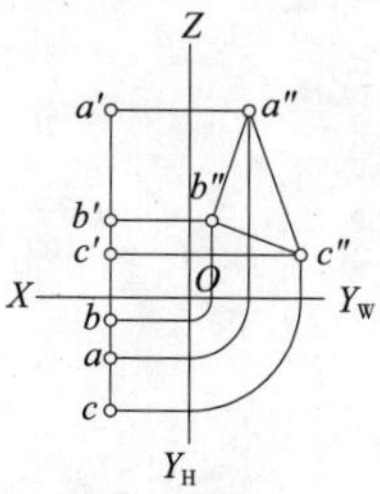	正投影面的积聚投影平行于 OZ 轴，水平投影面的积聚投影平行于 OY_H 轴	侧面投影反映实形	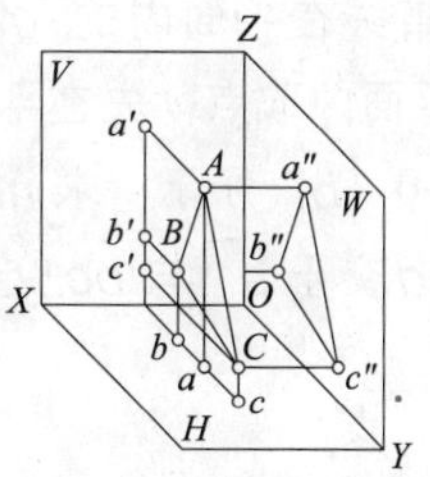

（1）平面在它所平行的投影面上的投影反映实形；
（2）平面的其他两个投影都具有积聚性，且分别平行于与该平面平行的投影轴

(3) 一般位置平面

与三个投影面都倾斜的平面，称为一般位置平面。如图 2-4-4 所示，三角形 ABC 倾斜于各个投影面，它在各投影面的投影均不反映实形，也不会积聚为直线，而是小于实形的类似形。

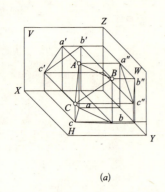
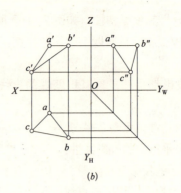

图2-4-4 一般位置平面的三面投影
(a) 空间分析；(b) 投影图

2.4.3 平面上的直线和点

(1) 平面内取点和直线

点和直线属于平面的几何条件为：

1) 若点属于某平面的一条直线，则点必属于该平面，如图2-4-5 (a) 所示；

2) 若直线通过属于平面的两个点，则直线必属于该平面，如图2-4-5 (b) 所示；

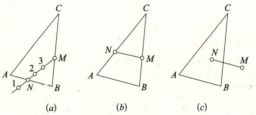

图2-4-5 点和直线属于平面的几何条件
(a) 点位于平面的某条直线上；(b) 直线通过平面上的两个点；(c) 直线通过平面的一个点，且平行于平面的一条直线

3) 若直线通过属于平面的一个点，且平行于属于平面的一条直线，则直线必属于该平面，如图2-4-5 (c) 所示。

在投影图中作平面内的点和直线，以及检验点和直线是否在平面内的作图方法，都是以上述几何条件为依据的。

【例2-5】直线MN和点K在四边形ABCD平面内，已知直线MN的H面投影mn，点K的V面投影k'，试补全直线MN和点K的两面投影，如图2-4-6 (a) 所示。

分析：利用点和直线在平面内的几何条件作图。欲在平面内取直线，先在平面内取点，欲在平面内取点，先在平面内取直线。

作图：如图2-4-6 (b) 所示，求m'n'的过程如下：

① 延长mn，与ad交于s，与bc交于f；

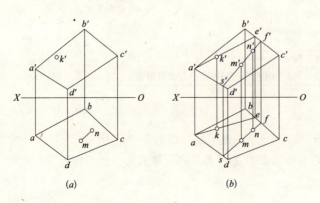

图2-4-6 补全平面内点、直线的投影
(a) 已知；(b) 作图

②由 s、f 作投影连线，分别在 a'd'、b'c' 上交于 s'、f'，连接 s'f'；
③由 m、n 作投影连线，分别与 s'f' 交于 m'、n'，m'n'，即为所求。
求点 k 的过程如下：
①连接 a'、k'，与 b'c' 于 e'，由 e' 引投影连线，与 bc 交于 e，连接 ae；
②由 k' 作投影连线，交 ae 于 k 点。

(2) 平面内的投影面平行线

平面内的投影面平行线既应满足直线在平面内的几何条件，又应符合投影面平行线的投影特性。

【例 2-6】已知△ABC，如图 2-4-7（a）所示，在△ABC 上作一条距 V 面为 15mm 的正平线 DE。

分析：正平线的 H 面投影平行于 OX 轴，与 OX 轴的距离反映正平线到 V 面的距离。

作图：如图 2-4-7（b）所示。
①在 H 面投影中，作一距 OX 轴为 15mm 的直线，与 ab、bc 分别交于 d、e，de，即为所求正平线 DE 的水平投影。
②由 d、e 作投影连线，与 a'b'、b'c' 分别交于 d'、e'，连接 d'e'，即为所求正平线 DE 的正面投影。

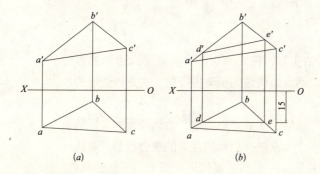

图 2-4-7 作平面 ABC 上的正平线
(a) 已知；(b) 作图

2.5 形体的三面投影

形体由内、外表面围成，占有一定的空间，由围成的内、外表面确定其范围。形状简单的单一几何形体，称为基本几何形体。一般复杂的几何形体都可以看作是由若干个基本几何形体如棱柱、棱锥、长方体、圆柱、圆锥、圆球等所组成的组合体。如房屋、亭台等都是一些比较复杂的形体，它们都可以分解为若干个基本形体。

2.5.1 基本形体的三面投影

基本形体按照其表面的几何性质，可以分为两大类：平面立体（由若干个平面所围成的几何体）和曲面立体（由曲面或曲面和平面所围成的几何体）。

(1) 平面立体

平面立体主要有棱柱、棱锥等。在投影图上表示平面立体就是把组成立体的表面表示出来。平面立体的表面是由直线段（棱线）组成，而棱线又由两端点（棱线的交点和顶点）确定。因此，图示平面立体的作图，可归结为绘制其各表面的交线（棱线）及顶点的投影，并判别其可见性。

1) 棱柱的三面投影

①棱柱的形状特征

棱柱一般由上、下底面和侧棱面组成。如图2-5-1所示，正六棱柱的正六边形上、下底面为水平面；六个侧棱面中前、后两个为正平面，另外四个侧棱面均为铅垂面。

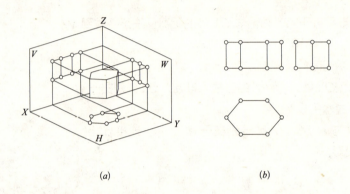

图2-5-1 正六棱柱的投影
(a) 空间分析；(b) 投影图

②投影分析

H面投影：反映上、下底面的实形，即正六边形。组成正六边形的直线段也是六个侧棱面的积聚性投影，而六条棱线的积聚性投影，在正六边形的六个顶点上。

V面投影：投影为三个矩形，其中中间的矩形为前、后侧棱面的实形的重合投影。另外，两个矩形，左边一个为左前、后两侧棱面的重合投影；右边一个为右侧前、后两侧棱面的重合投影，它们均为类似形，而上、下底面和前、后侧面均积聚为直线段。

W面投影：投影为两个矩形。分别是前、后四个铅垂侧面的重合投影，而上、下底面和前、后侧面均积聚为直线段。

③作图

根据上述对正六棱柱组成平面的投影分析，各组成平面分别是投影面的垂直面或平行面。因此，作图可从"面"出发，先绘出各个平面的积聚性投影，然后再按投影关系绘出其他投影。所以，先绘正六棱柱的水平投影——正六边形，再根据投影规律作出其他两个投影。

2) 棱锥的三面投影

①棱锥的形状特征

如图2-5-2所示，为一个正三棱锥。它的底面是等边三角形，且与H面

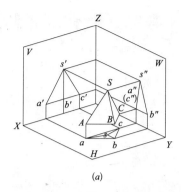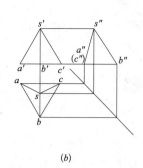

图2-5-2 正三棱锥的投影
(a) 空间分析；(b) 投影图

平行；其他三侧棱面也为等边三角形，且交于一顶点 S，其中 SAC 侧面是侧垂面，令两个侧面为一般位置平面，棱线 AB、BC 为水平线，AC 为侧垂线，SB 为侧平线，SA、SC 为一般位置直线。

② 投影分析

H 面投影：反映底面实形，即等边三角形。三个侧面投影为类似形。顶点 S 投影重合与等边三角形的垂心。

V 面投影：底面的投影积聚为一条直线段，左、右侧面投影为类似形——三角形，且重合于后侧面的投影。SA、SB、SC 三条棱线交于顶点 S。

W 面投影：底面和后侧面投影分别积聚为一直线段。左、右侧面投影为类似形——三角形，且相互重合。

③ 作图

由于底面为水平面，先绘底面的三面投影。而三个侧面，SAC 为侧垂面，令两个侧棱面均是一般位置平面。可从"点"出发，先绘出顶点 S 的各个投影，再与 A、B、C 连线。S 的水平投影与底面 △ABC 之垂心重合，因此可直接作出，根据正三棱锥的高取 s″b″=ac（棱线的实长），对应水平投影 s 即可作出其正面投影和侧面投影——s′ 和 s″。最后，将顶点 S 和顶点 A、B、C 的同面投影连线，即得正三棱锥的三面投影。

(2) 曲面立体的三面投影

曲面立体主要有圆柱、圆锥、圆球等。

1) 圆柱的三面投影

① 圆柱面的形成

如图 2-5-3 所示，由一动直线 AB 绕着与其平行的轴线 OO 旋转一周所形成的曲面称为圆柱面。轴线 OO 称为回转轴；动直线 AB 称为母线。

② 投影分析

如图 2-5-4 所示，为一水平横放的圆柱，它有两个圆形的底面和一个圆柱面组成。

W 面投影：积聚为一个与底面相等的圆。其圆周既两底面的反映实形的投影，又是圆柱面的积聚投影。

V 面投影：是一个矩形，左右边是圆柱底面的积聚投影；上下边是圆柱面

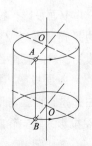

图2-5-3 圆柱面的形成

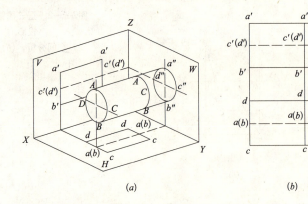

图2-5-4 圆柱的三面投影
(a) 空间分析；(b) 投影图

上与 V 向投影线相切的最上和最下的素线(AA_1，BB_1)的 V 面投影，是圆柱面的 V 投影转向轮廓线（为曲面可见与不可见部分的分界线）。

H 面投影：也是一个矩形，形状与 V 面投影一样，但其前、后边是圆柱上与 H 向投影线相切的最前和最后素线的 H 面投影。也是圆柱面 H 投影转向轮廓线。

圆柱面上所有点和线的侧面投影都积聚于圆上；底面上的点除边界外，侧面投影都不在圆上。圆柱的三面投影的特征为一个圆投影对应两个矩形投影。

③作图

先画出轴线；再绘制左、右底面的三面投影，圆柱的左右底面在 W 面投影反映实形，其他投影积聚为一直线；最后根据投影规律和圆柱的高度绘制出其他投影。

2) 圆锥的三面投影

①圆锥面的形成

如图 2-5-5 所示，圆锥是由一动直线 AB（母线）绕着与其相交的轴线 OO 旋转一周所形成的曲面称为圆锥面。

②投影分析

圆锥体是由圆锥面和一个底面组成。如图 2-5-6 所示，为一直立圆锥，轴线为铅垂线，底面为水平面，它的水平投影反映实形，这圆也是圆锥面的水平投影。

H 面投影：投影为圆，该圆是圆锥底面反映实形的投影。

V 面投影：投影为三角形，三角形的底为锥底面的积聚性投影；而左、右边是圆锥上与 V 向投影向相切的最左和最右两条素线的 V 投影，是圆锥在 V 投影的转向轮廓线。

W 面投影：投影也为三角形，三角形的底为锥底面的积聚性投影；而左、右边是圆锥上与 W 向投影向相切的最后和最前两条素线的 W 投影，是圆锥在 W 投影的转向轮廓线。

③作图

先画出圆锥底面的三面投影，再绘锥顶点的两面投影，在反映底面圆的

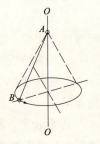

图2-5-5 圆锥面的形成

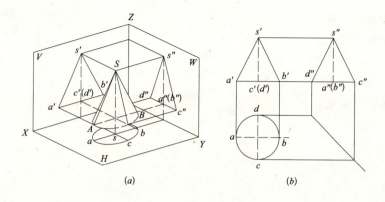

图2-5-6 圆锥的三面投影
(a) 空间分析；(b) 投影图

实形的视图上不画出顶点 S 的投影；最后绘出各转向轮廓线的投影。

3) 圆球的三面投影

圆球是圆绕着其直径旋转而成的。圆球的三面投影的图形特征为：三个大小相等的圆。这三个圆分别表示球面上对 H、V、W 投影面的三条轮廓线的投影，且直径等于球径。

如图 2-5-7 所示，H 面投影是上、下半球的重合投影，上半球可见，下半球不可见；V 面投影是前、后半球的重合投影，前半球可见，后半球不可见；W 面投影是左、右半球的重合投影，左半球可见，右半球不可见。

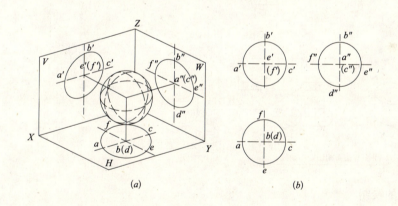

图2-5-7 球的三面投影
(a) 空间分析；(b) 投影图

2.5.2 组合体的三面投影

工程上常见的形体，从几何形状来看，一般都可以看作由若干个基本体（棱柱、棱锥、圆柱、圆锥等）组合而成。这样由两个及两个以上的基本体经过叠加、切割等方式组合而成的物体，称为组合体。

(1) 组合体的组合形式

组合体的组合形式有叠加和挖切两种，常见的则是这两种的综合。叠加是将若干基本形体按一定方式堆积起来组成一个整体。挖切是在某一基本形体上去掉某些基本形体而形成一个新的形体。叠加与挖切的综合，即有几个基本形体的叠加，又有切割几个基本形体而形成的一个形体，如图 2-5-8 所示。

由于组合体的结构比较复杂，为了避免在叠加和切割后，邻接表面的投影出现多条线或漏线的错误，可以按下列几种相对位置进行分析。为便于绘图和读图，我们将几何形体间表面的连接关系在视图上的表达方式分为相接、相切及相交三种，如图 2-5-9 所示。

1) 当组合体上两基本形体的表面平齐时，中间不应该有线隔开。

2) 当组合体上两基本形体的表面不平齐时，在图内中间应该有线隔开。

3) 当组合体两基本形体的表面相切时，在相切处不应该画线。

4) 当组合体两基本形体的表面相交时，在相交处应该画出交线。

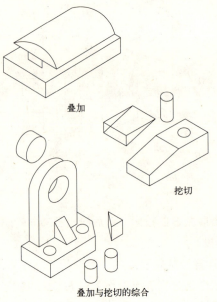

图2-5-8 组合体的组合形式

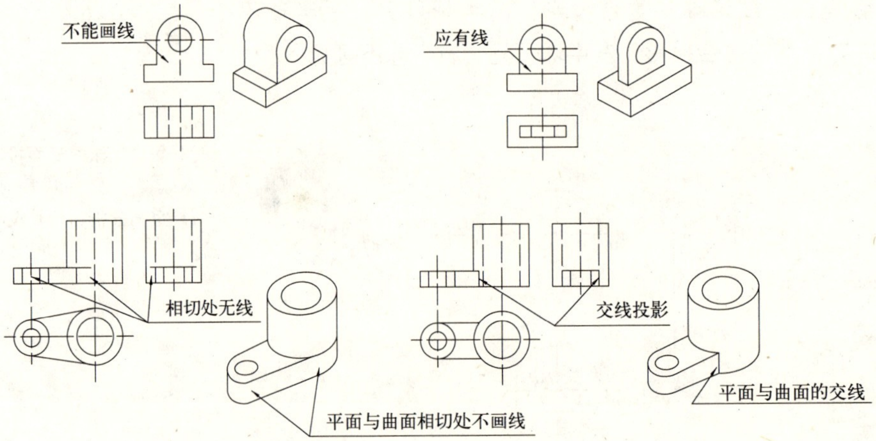

图2-5-9 组合处的图线

(2) 组合体三面投影的绘制

用正投影法所绘制出物体的图形，称为视图。形体在三投影面体系中投影所得到的图形，称为三面投影。正面投影称为主视图，水平投影称为俯视图，侧面投影称为左视图，如图 2-5-10 (a) 所示。

为了便于绘图、读图，常常将复杂的组合体分解为若干个简单的基本形体。通过研究基本形体的形状及相互位置关系来表达和认识组合体，从而变难为易。这种分析方法称为形体分析法。

组合体三面投影的投影特性：

1) 位置关系

如图 2-5-10 (a) 所示，按俯视图在主视图的正下方，左视图在主视图的正右方这样配置的三面投影，不标注视图的名称，否则需要标注。

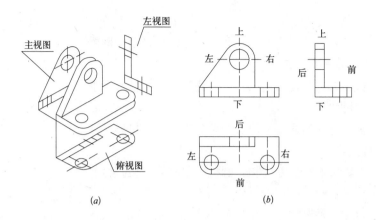

图2-5-10 组合体的三面投影
(a) 空间分析；(b) 投影图

2）方位关系

如图2-5-10（b）所示，三面投影和三面投影本质上是相同的。有关点、线、面和立体的投影特性，完全适用于组合体的三面投影。

主视图反映物体的长和高，左右和上下；俯视图反映物体的长和宽，左右和前后；

左视图反映物体的高和宽，上下和前后。

3）三面投影的投影规律

主、俯视图长相等；主、左视图高平齐；俯、左视图宽相等。

(3) 绘制组合体三面投影的步骤

1）对组合体进行形体分析。

2）选择视图 在将组合体的主要表面或主要轴线摆放成平行或垂直于投影面的情况下，选择最能反映组合体形状特征的视图作为主视图，并使其他视图的虚线尽量少一些。主视图确定后，其他视图则随之确定。

3）打底稿 在对组合体进行详尽分析后首先画出三面投影的底稿。

4）检查 底稿画完之后要检查各部分的形状表达、相对位置表达、表面连接关系表达及可见性处理等方面有无错误并纠正存在的错误。

5）描深 按国家标准的相关规定对各类图线描深。要注意所有图线，包括点画线、尺寸线、尺寸界线以及标题栏都要相应描深。描深的次序应是先描深虚线、点划线、细实线，再描深粗实线、图框线。先描深曲线后描深直线。

6）填写标题栏 尺寸标注也可在描深之前进行，以避免任何图线穿过尺寸数字及符号。

本章小结

通过本章的学习，了解了投影的形成，形体的投影法。园林工程制图的主要采用正投影法进行绘图。正投影的基本特性有真实性、积聚性、类似性。

1. 形体的三面投影分别称为：正投影（正面图）、水平投影（平面图）、侧面投影（侧面图）。

2. 点的三面投影规律：点的投影连线垂直于投影轴，点的投影到投影轴的距离等于该空间点到相应的投影面的距离。

3. 直线的投影特性：直线按其与投影面的相对位置分为三类：投影面垂直线、投影面平行线、一般位置直线。

4. 平面的投影特性：平面按与投影面的相对位置可分为三类：投影面平行面、投影面垂直面、一般位置平面。

5. 组合体一般都由若干个基本体（棱柱、棱锥、圆柱、圆锥等）经过叠加、切割等方式组合而成。

园林制图

第3章　剖面图和断面图

本章学习要点：了解剖面图与断面图的形成、种类及区别，掌握组合形体的剖面图和断面图的识读及画法。

3.1 剖面图

3.1.1 剖面图的形成

一个形体可以用三面视图来表达形体的形状和大小，形体可见轮廓线用实线来画，形体内部不可见轮廓线需要用虚线来画。如形体内部构造比较复杂就会产生过多虚线，在视图中会产生虚线和实线重合交错，造成图样混杂不清，无法清楚表示内部构造，也不利于标注尺寸和读图。为了能清晰表达出形体内部构造形状，比较理想的图示方法就是形体的剖面图。

为了能清晰地表达形体的内部构造，假想用一个剖切平面将形体剖开，移去观察者与剖切平面之间的那一部分，然后作出剩余部分的投影图，这种投影图称为剖面图，简称剖面（图 3-1-1）。

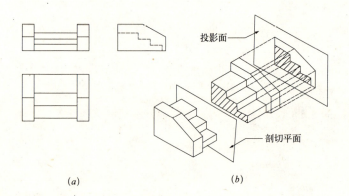

图3-1-1 剖面图的形成
(a) 投影图；(b) 剖面图形成

画剖面图时，首先应选择合适的剖切位置，使剖切后画出的图形能确切反映内部的真实形状，因此应选择在内部复杂、有代表性的部位，一般应通过形体的对称面或通过孔的轴线并和投影面平行。

3.1.2 剖面图的表示方法

剖面图本身不能反映出剖切的位置，在其投影图上必须标注出剖切平面的位置及剖切方法，在工程图中剖切平面的位置及投影方向用剖切符号表示。剖切符号由剖切位置和剖视方向线组成（图 3-1-2）。

剖切位置线简称剖切线，用断开的两段粗实线表示，长度宜为 6～10mm。剖视方向线垂直于形体的剖切位置线，长度为 4～6mm 的粗实线。剖切符号一般不应与视图中其他图线接触，要保持一定的间隙。剖切符号的编号，一般采用阿拉伯数字，数字注写在投射方向线的端部。

剖面图虽然是按剖切位置移去物体在剖切平面和观察者之间的根据留下

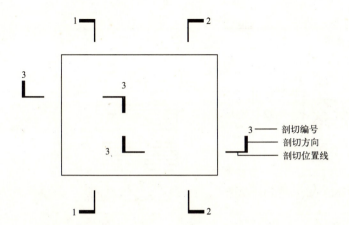

图3-1-2 剖面的剖切符号

的部分画出投影图,但因为剖切是假想的,因此画其他投影图时,仍应完整画出,不受剖切影响。

剖切平面与形体接触部分的轮廓线用粗实线表示;对未剖切到但在投影时仍可见的轮廓线用中粗线表示;剖面图上仍可能有不可见部分的虚线存在,为了使剖面图清晰易读虚线可省略不画,一般剖面图中不存在虚线,并在剖面图的图名前注上剖切编号,如图 3-1-3 所示。

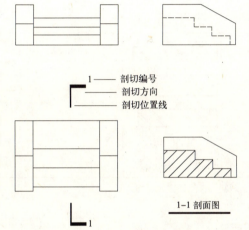

图3-1-3 剖面图的画法

按国家建筑制图标准规则,剖切到的实体要画出相应的材料图例。常用的图例见表 3-1-1。没有材料要求的应画 45°的细实线,间隔距离 2～5mm 疏密适度。

建筑材料图例　　　　表 3-1-1

序号	名称	图例	序号	名称	图例
1	自然土壤		7	普通砖	
2	夯实土壤		8	耐火砖	
3	砂、灰土		9	空心砖	
4	砂砾石、碎砖三合土		10	饰面砖	
5	石料		11	焦渣、矿渣	
6	毛石		12	混凝土	

续表

序号	名称	图例	序号	名称	图例
13	钢筋混凝土		21	网状材料	
14	多孔材料		22	液体	
15	纤维材料		23	玻璃	
16	泡沫塑料材料		24	橡胶	
17	木材		25	塑料	
18	胶合板		26	防水材料	
19	石膏板		27	粉刷	
20	金属				

注：表中图例中的斜线、短斜线、交叉斜线等均为45°。

3.1.3 剖面图剖切方法

形体的结构形状不同需要选择的剖切方法也不同，从而分别得到不同的剖面图。剖面图可分为全剖面图、阶梯剖面图、展开剖面图、半剖面图和局部剖面图。

(1) 全剖面图

用一个剖切平面完全的剖切物体后，所画出的剖面图称为全剖面图。在工程图中，平面图就是用水平全剖的方法绘制的。图3-1-4 (a)、(b)为水平全剖面图。

(2) 阶梯剖面图

如一个剖切平面不能将形体上需要表达的内部构造表示清楚时，可将剖切平面转折成两个互相平行的平面，将形体沿需要表达的地方剖开，然后

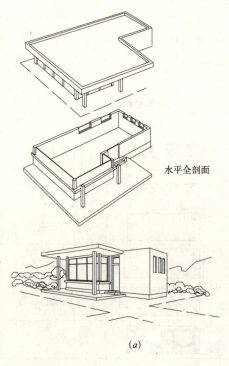

图3-1-4 房屋平、立、剖面图
(a) 平面图的形成

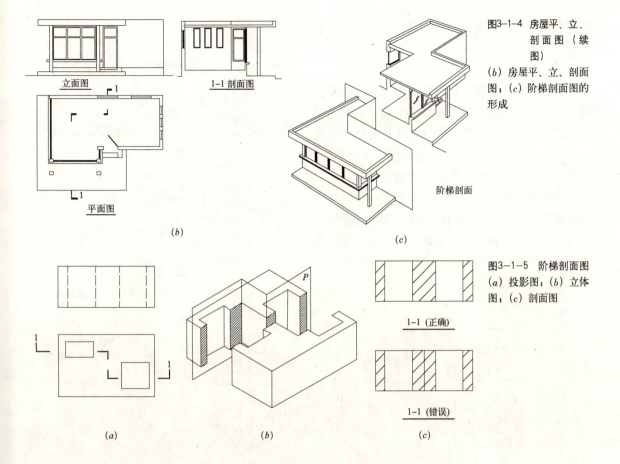

图3-1-4 房屋平、立、剖面图（续图）
(b) 房屋平、立、剖面图；(c) 阶梯剖面图的形成

图3-1-5 阶梯剖面图
(a) 投影图；(b) 立体图；(c) 剖面图

画出剖面图，这种剖面图称为阶梯剖面图。如图3-1-5所示，形体具有不在同一轴线上的两个孔洞，如果仅用一个剖切平面，势必不能同时剖切到两个孔洞，为解决这个问题可将剖切面转折一次（仅一次）即满足要求。转折后由于剖切而使形体产生的轮廓线不应在剖面图中画出，因为这种剖切实际上是假想的，它只是一种作图的方法。

如图3-1-5所示的房屋，如果只用一个平行于侧投影面的剖切面，就不能同时剖开前墙的窗和后墙的窗，这时可将剖切面转折，形成两个平行的剖切面，使一个剖切面剖切前墙的窗，另一剖切面剖切后墙的窗，这就把该剖的内部构造都表示出来了。

(3) 展开剖面图

由两个或两个以上相交的剖切面剖切形体，并将倾斜于基本投影面的剖面旋转到平行于基本投影面后得到的剖面图称为展开剖面图，用此法剖切时，应在剖面图的图名后加注"展开"字样。

如图3-1-6把剖切平面沿着图中平面图所示的转折剖切线转折成两个相交的剖切平面。左方的剖切平面平行于正立投影面，右方的剖切平面倾斜于正立投影面，两剖切平面的交线垂直于投影面H。剖切后将倾斜剖切平面连同它上面的剖面以交线为旋转轴，旋转成平行于正立投影面的位置，然后画出它们的剖面图。在剖面图中也不应画出两个相交剖切平面的交线。

(4) 半剖面图

当形体是左右或前后对称而外形又比较复杂时，为了同时表达内外形状，可把投影图的一半画为剖面图，另一半画为形体的正投影图而组成一个图，中间用对称轴线（点划线）为分界线，这种同时表示形体的外形和内部构造的剖面图称为半剖面图如图 3-1-7 所示。当剖切平面与形体的对称平面重合，且半剖面图位于基本视图的位置时，可以不予标注剖面剖切符号。当剖切平面不通过形体的对称平面，则应标注剖切线和剖视方向线。

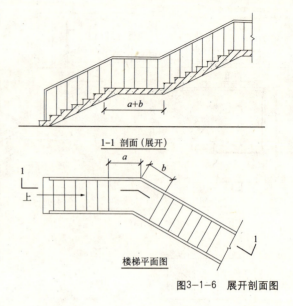

图3-1-6 展开剖面图

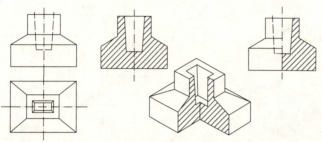

图3-1-7 全剖面图与半剖面图

(5) 局部剖面图

当建筑形体的外形比较复杂，完全剖开后无法清楚表示它的外形时，可以保留原投影图的大部分，而只将局部地方画成剖面图。投影图与局部剖面图之间，用徒手画波浪线分界，波浪线不能与轮廓线或中心线重合且不能超出外形轮廓线。图 3-1-8 的杯形基础，为了保留较完整的外形，将其水平投影的

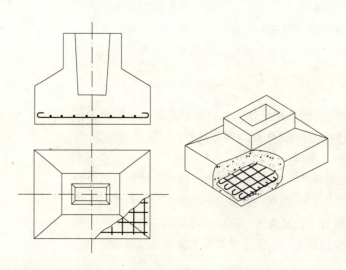

图3-1-8 杯形基础局部剖面图

一角剖开画成局部剖面图，以表示基础内部钢筋的配置情况，基础的正投影是个全剖面图，画出了钢筋的配置情况，此处视混凝土为透明体，不再画出混凝土的材料图例，这种图在结构施工图中称为配筋图。

3.2 断面图

3.2.1 断面图的形成

为了能更加准确地表现形体的某处形状，假想用剖切面将形体的某处切断，只画出该剖切面与形体接触部分的图形称为断面图，也称为截面图，简称断面或截面，如图 3-2-1 (b) 所示。

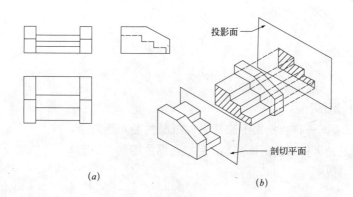

图3-2-1 断面图的形成
(a) 投影图；(b) 断面图形成

3.2.2 断面图的表示方法

断面图的剖切位符号，用剖切位置线表示，用一对长度为 8～10mm 的粗实线绘制，断面编号用阿拉伯数字表示。断面图的剖视方向用编号的所在位置来表示，编号注在哪个方向就向哪个方向作投影（或观看方向），如图 3-2-2 (a) 所示。如果一个形体需要画几个断面时，则剖切符号的编号宜按顺序由左至右，由上至下依次连续排列，并应注写在剖视方向一侧，在对应的断面图下方注写对应的断面编号如图 3-2-2 (b) 所示。

断面图只要画剖切面与形体的接触部分，断面图的轮廓线用粗实线绘制。画出相应的材料图例（见表 3-1-1），没有材料要求应画 45°等距的细实线如图 3-2-2 (b) 所示。

剖面图与断面图的区别在于：

(1) 剖面图与断面图的剖切符号不一样，剖面图剖切符号由一条长 6～10mm 粗实线的剖切位置线和一条垂直于剖切位置线长 4～6mm 粗实线的剖视方向线组成，而断面图的剖切符号只用一条 6～10mm 的粗实线来表示

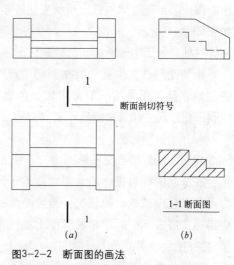

图3-2-2 断面图的画法
(a) 投影图；(b) 断面图

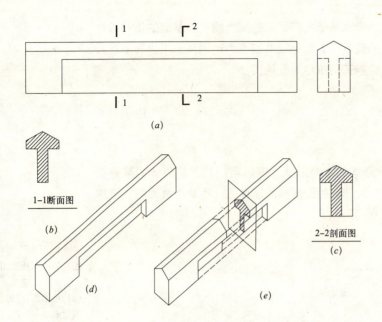

图3-2-3 剖面图与断面图的区别

剖切位置线,如图3-2-3(a)所示。

(2)剖面图与断面图的画法不一样,剖面图除画出截断面的图外还应画出投影方向所能看到的部分,而断面只画出形体被剖切后截断面的图形,如图3-2-3(b)、(c)所示。

3.2.3 断面图的种类

根据断面图在视图中的位置,可分为移出断面图,重合断面图和中断断面图三种。

(1)移出断面图

将形体的断面图,画于投影图之外,称为移出断面,适用于形体的截面形状变化较多的情况。如图3-2-4所示,通过1-1、2-2移出断面,可知该柱柱身是工字形断面,上柱是方形断面。

断面图移画的位置一般在剖切位置附近,以便对照识读。断面图一般可用较大的比例画出,以利于标注尺寸和清晰地显示其内部构造。

(2)重合断面图

将断面图直接画在投影图内,二者比例相同,重合在一起的称为重合断面图,适用于形体的截面形状变化少或单一的情况。重合断面的轮廓线应用粗实线表示,以便与投影图上的线条有所区别,并在重合断面上画上材料图例。图3-2-5(a)为一角钢的重合断面,该断面没有标注断面的剖

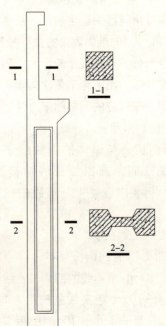

图3-2-4 钢筋混凝土牛腿柱移出断面图

切符号，通常在图形简单时，可不画剖切位置线亦不编号。图 3-2-5（b）的断面是对称图形，点画线表示中心位置。

重合断面还可以用来表示屋顶的形式与坡度（图 3-2-6）或墙壁立面上装饰花纹凸凹起伏的状况（图 3-2-7）等。

(3) 中断断面图

画等截面的细长杆件时，常把断面图直接画在构件假想的断开处，称为中断断面，断开处采用折断线表示，圆形构件要采用曲线折断方式。如图 3-2-8 所示，由金属或木质等材料制成的构件的横断面，分别为角钢、方木、圆木、钢管。

用断面图表示钢屋架中杆件的型钢组合情况（这里只画出屋架的局部），断面图布置在杆件的断开处（图 3-2-9）。

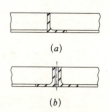

图3-2-5 重合断面图
(a)断面不对称；(b)断面对称

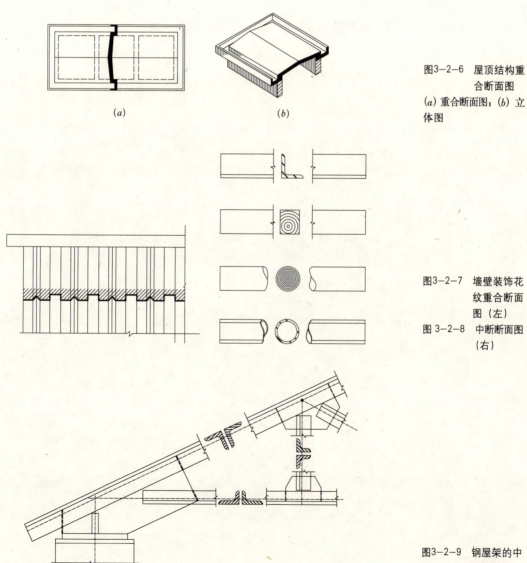

图3-2-6 屋顶结构重合断面图
(a)重合断面图；(b)立体图

图3-2-7 墙壁装饰花纹重合断面图（左）

图3-2-8 中断断面图（右）

图3-2-9 钢屋架的中断断面图

本章小结

1. 剖面图：假想用一个剖切平面将形体剖开，移去观察者与剖切平面之间的那一部分，然后作出剩下部分的投影图，这种投影图称为剖面图，简称剖面。

2. 断面图：假想用剖切面将形体的某处切断，只画出该剖切面与形体接触部分的图形称为断面图，也称为截面图，简称断面或截面。

3. 剖面图与断面图的区别：

（1）剖面图与断面图的剖切符号不一样；

（2）剖面图与断面图的画法不一样，剖面图除画出截断面的图外还应画出投影方向所能看到的部分，而断面只画出形体被剖切后截断面的图形。

4. 剖面图的剖切方法（种类）：全剖面图、阶梯剖面图、展开剖面图、半剖面图和局部剖面图。

5. 断面图的种类：移出断面图、重合断面图、中断断面图。

园林制图

第4章 轴测投影

本章学习要点：了解轴测投影的形成，熟悉轴测投影的特性，掌握正轴测投影和斜轴测投影的画法。

4.1 轴测投影的基本知识

4.1.1 轴测投影的形成

在前面几章的学习中学习了采用正投影的方法绘出形体的形状和大小，而且必须通过多个视图一起表达，才能反映一个形体的确切形状和大小的知识。这些视图缺乏立体感，还必须通过一定的训练才能认识。

如果改变形体对投影面的相对位置或者改变投影线的方向，则能得到具有立体感的平行投影，这种能反映形体三个面的投影称为轴测投影。用轴测投影方法绘成的图称为轴测图（图4-1-1）。

投影面 P 称为轴测投影面，空间直角坐标轴（O_1X_1、O_1Y_1、O_1Z_1）在轴测投影面上的投影（OX、OY、OZ）称为轴测轴。

在轴测图中，轴测轴之间的夹角称为轴间角。轴测轴上的单位长度与相应直角坐标轴上的单位长度的比值，称为轴向伸缩系数。X、Y、Z 轴向伸缩系数分别用 p、q、r 表示，即：

$$p=OA/O_1A_1 \qquad q=OB/O_1B_1 \qquad r=OC/O_1C_1$$

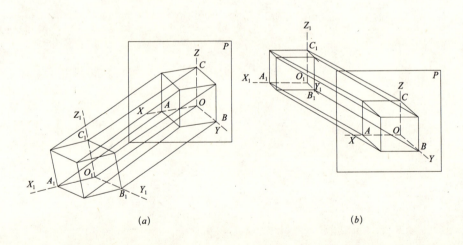

(a)　　　　　　　　　　　　　　(b)

图4-1-1　轴测投影
(a) 正轴测投影；(b) 斜轴测投影

4.1.2 轴测投影的分类

按投影线对投影面是否垂直，可将轴测投影分为正轴测投影和斜轴测投影。

将形体的三条坐标轴倾斜于投影面 P 放置（即形体的三个侧面都倾斜于投影面 P），利用正投影法进行投影，则该形体的三个侧面也可同时在该投影面上显示出来，如图4-1-1（a）所示，这种投影法称为正轴测投影法。正轴测分正等测、正二测、正三测。

将形体的二条坐标轴平行于投影面 P 放置（即形体的一个侧面平行于投

影面 P），并用平行投影法将其倾斜投影到该投影面上，此时，形体的三个侧面便同时显示出来，如图 4-1-1（b）所示，这种投影法称为斜轴测投影法。斜轴测分斜等测、斜二测、斜三测。

4.1.3 轴测投影的特性

轴测图是用平行投影的方法所得的一种投影图，必然具有平行投影的投影特性：

（1）平行性。形体上互相平行的线段，在轴测图中仍然互相平行。

（2）定比性。形体上与坐标轴平行的线段，其轴测投影也必然与相应的轴测轴平行，并且所有同一轴向的线段其伸缩系数是相同的，这种线段长度可按伸缩系数 p、q、r 来确定和测量。和坐标轴不平行的线段，其投影变得或长或短，不能在图上测量。

（3）实形性。形体上平行于轴测投影面的平面，在轴测图中反映实形。

4.2 正轴测投影

如前所述，正轴测投影的三个坐标轴均与轴测投影面倾斜，轴测投影方向垂直于轴测投影面。如果坐标轴与轴测投影面的倾斜角度不同，它们的三个轴测轴的方向、轴间角和轴向伸缩系数也就不同。这样，同一形体就可以作出不同的正轴测投影，但工程中常用的正轴测投影图是正等轴测图（简称正等测）和正二等轴测图（简称正二测）两种。

4.2.1 正等轴测图

空间形体的三个坐标轴与轴测投影面的倾角相同时，则轴间角相等，轴向伸缩系数也相等，这样得到的正轴测投影称为正等轴测图（简称正等测）。

由于三个坐标轴与轴测投影面的倾角相同，它们的轴间角、伸缩系数也就相同如图 4-2-1 所示，轴间角均为 120°。从理论上可以推出：在正等测图中，$p=q=r \approx 0.82$；但为了作图简便，常采用简化轴向伸缩系数：$p=q=r=1$，这样用简化伸缩系数画出的正等测图比实际尺寸放大了 $1/0.82 \approx 1.22$ 倍。

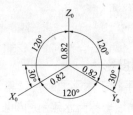

图 4-2-1 正等测的轴向伸缩系数和轴间角

4.2.2 正二等轴测图

当空间形体三个坐标轴只有两个与轴测投影面的倾角相同时，则这两个轴间角相等，轴向伸缩系数一样，这样得到的正轴测投影称为正二等轴测图（简称正二测）。

正二测的轴间角：$\alpha = 97°7'$，$\beta = r = 131°25'$；轴向伸缩系数：$p = r \approx 0.94$，$q \approx 0.47$（图 4-2-2）。为了作图简便，常取 $p=r=1$，$q=0.5$。这样画出的轴

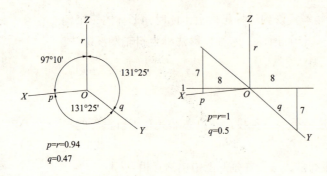

图4-2-2 正二测的轴向伸缩系数、轴间角和简化形式

测图比实际尺寸放大了 $1/0.94 \approx 1.06$ 倍。

4.3 斜轴测投影

在斜轴测图中,因为投影线倾斜于投影面,所以通常选用物体的一个面与投影面平行。

当物体的水平面与投影面平行时其水平面反映实形,当物体的立面与投影面平行时其立面反映实形,它们所形成的斜轴测图有下列两种类型(图4-3-1):水平斜轴测图、正面斜轴测图。

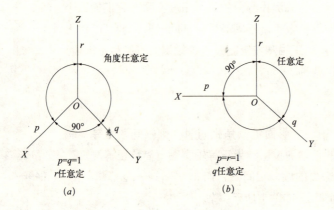

图4-3-1 斜轴测投影
(a) 水平斜测图;
(b) 正面斜测图

4.3.1 水平斜轴测投影

当形体的底面平行于水平面,用倾斜于水平面的平行投影线向水平面投影,所得到的斜轴测投影称为水平斜轴测图,如图4-3-1(a)所示。

OX 与 OY 之间的轴间角为 $90°$,轴向伸缩系数 $p=q=1$,即在水平斜轴测图上能反映与水平面平行的平面图形的实形。习惯上,轴间角 ZOX 取 $120°$,OX 和 OY 分别与水平线成 $30°$ 和 $60°$ 角,坐标轴 OZ 通常画成铅垂线,取轴向伸缩系数 $r=1$。这种水平斜轴测图适于用来绘制园林效果图,如图4-3-2所示。

4.3.2 正面斜轴测投影

当形体的正面平行于正平面,用倾斜于正平面的平行投影线向正平面投影，所得到的斜轴测投影称为正面斜轴测图，如图 4-3-1（b）所示。

OX 与 OZ 之间的轴间角为 90°，轴向伸缩系数 $p=r=1$，即在正面斜轴测图上能反映与正面平行的平面图形的实形。习惯上，轴间角 ZOY 取 120°、135°、150°，OY 分别与水平线成 30°、45°、60° 角，OY 的轴向伸缩系数 $q=0.5$。这种正面斜轴测图适于用来绘制小型建筑装饰构件，如图 4-3-3 所示。

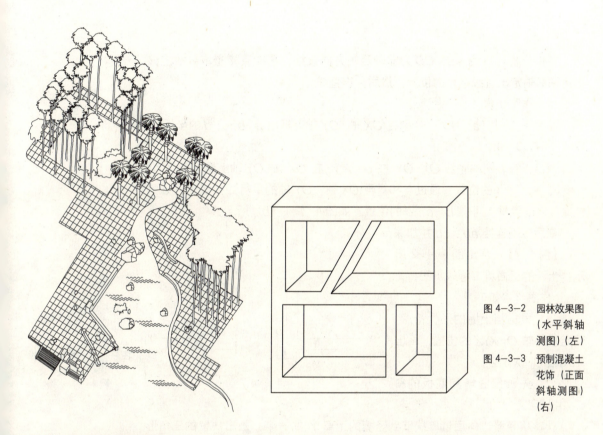

图 4-3-2 园林效果图（水平斜轴测图）（左）

图 4-3-3 预制混凝土花饰（正面斜轴测图）（右）

4.4 轴测图基本画法

4.4.1 基本作图步骤

(1) 根据所给的条件，对形体做初步分析。
(2) 根据选定的轴测形式、轴向伸缩系数和轴间角，作出轴向线。
(3) 沿各轴按相应的伸缩系数量取尺寸。
(4) 作平行于轴的直线，将相应的点连接起来，完成轴测平面。
(5) 沿 OZ 轴量得各点高度，并将相应的点连接起来。
(6) 根据前后关系，擦去被挡的图线和底线，加深图线，完成轴测图。

4.4.2 例题

【例 4-1】根据图 4-4-1（a）所示，画出直线 AB、CD 的正等轴测图。

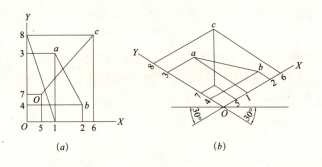

图4-4-1 非轴测轴方向直线的画法
(a) 将非轴测轴方向直线分解；(b) 将分解点量到轴测轴上求出端点后相连

(1) 分析：直线 AB、CD 为非轴测轴方向直线，不能直接量取，故应该先用轴测轴定出直线端点的位置，然后再连直线。

(2) 作图步骤

如图 4-4-1 (a) 所示，分别在 OX 轴、OY 轴上标出 a、b、c、d 的坐标 1、2、5、6 和 3、4、7、8。

画出正等轴测的轴线 OX、OY，按 $p=q=1$，在 OX 轴、OY 轴上量出 1、2、5、6 和 3、4、7、8 的位置；通过 1 和 3 画 OX 轴、OY 轴的平行线，找出点 a 的位置，以此类推，可得 b、c、d 的位置。如图 4-4-1 (b) 所示。

最后分别连接 ab、cd 并加深。

【例 4-2】 画出图 4-4-2 所示挡土墙的正面斜二等轴测图。

作图步骤如下：

(1) 根据挡土墙的形状特点，确定投影轴 O-XYZ 的位置。画出轴测轴 $O_0-X_0Y_0Z_0$。

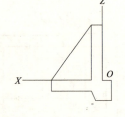 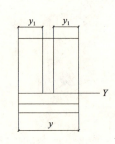

图4-4-2 挡土墙的投影图

(2) 先画出竖墙和底板的斜二测投影图。

(3) 从竖墙边向后量取扶壁到竖墙的距离 Y_1 的一半，画出扶壁的三角形底面的实形。

(4) 完成轴测图（图 4-4-3）。

【例 4-3】用正等测图表示图 4-4-4 所示的园景。

作图步骤：

(1) 作正等测图的轴测轴，并在其上量取相应的轴向线的尺寸。

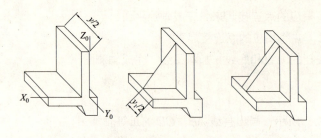

图4-4-3 挡土墙的斜二测图

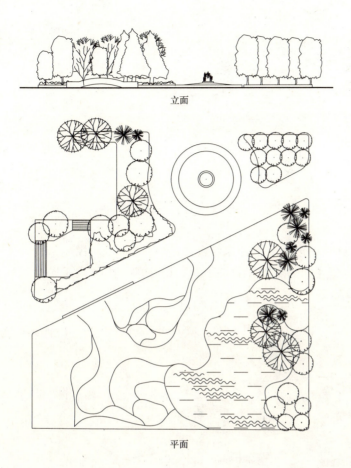

图4-4-4 园林立面图、平面图

(2) 在作图中较复杂的平面曲线之前,可先作网格、求出网格的轴测图,然后再作平面(图4-4-5)。

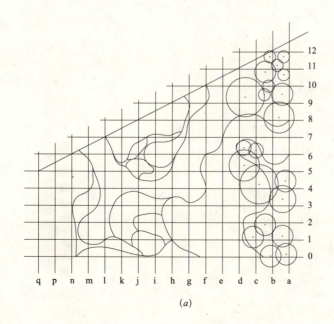

(a)

图4-4-5 网格轴测图
(a) 平面及网格

第4章 轴测投影

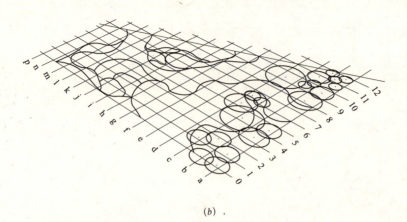

图 4-4-5 网格轴测图
（续图）
(b) 网格轴测图

(b)

(3) 曲线的轴测图，自然种植的树木位置也应结合网格轴测图来定（图 4-4-5），轴测图可根据与轴向线平行的菱形来作。完成所有图线并稍加表现即为要作的园景图（图 4-4-6）。

图 4-4-6 园区轴测图

本章小结

1. 正轴测投影：将形体的三条坐标轴倾斜于投影面 P 放置，利用正投影法进行投影，则该形体的三个侧面也可同时在该投影面上显示出来，这种投影法称为正轴测投影法。

2. 斜轴测投影：将形体的二条坐标轴平行于投影面 P 放置，并用平行投影法将其倾斜投影到该投影面上，此时，形体的三个侧面便同时显示出来，这种投影法称为斜轴测投影法。

3. 轴测投影的特性：平行性、定比性、实形性。

4. 常用轴测投影及画法：正等轴测图、正二等轴测图、水平斜轴测图、正面斜轴测图。

园林制图

第5章 透视

本章学习要点：介绍园林透视图基本概念、种类及区别，了解各类透视图的特征与应用，掌握透视图的识读及基本画法与实践应用。

5.1 透视概述

5.1.1 透视的基本概念

透视现象是日常生活中极常见的视觉现象，如视距不同时所产生的近大远小、近高远低现象。透视现象产生原因是我们看客观事物是通过光线照射到物体上，物体把光线反射到我们眼内视网膜上产生影像的结果。由于景物与观看的人之间的距离的不同，才有了透视现象。透视（Perspective）一词的意思是透过一个透明平面来看景物。透视图形的产生是景物把光反射到人眼的光线通过了画面，并与画面有许多焦点，链接起这些焦点就成了透视图。例如，我们站在窗前，把透过玻璃看到的景物依样描画在窗玻璃上，描绘出来的图形虽然在平面上，但是如同看见的景物一样具有立体感和空间感，这种存在透视效果的图形被称为透视图。在平面上研究如何把我们看到的物像投影绘制的原理与方法的学科就是透视学。透视学即研究在平面上展现立体造型的规律。从绘画角度说透视学为画面表现景物的立体空间感提供了"形"方面的成像的科学规律，所以又称为线透视。由于透视学的投影原理与法则属于数学几何的解决

图5-1-1　透视图

方法因而又称为几何透视。可见透视学是一门边缘科学，透视的运用既要遵循自然科学、数学几何的法则，又要遵循造型艺术的规律。

从园林景观设计角度上讲，无论是与业主进行交流，还是作为推敲空间关系以及元素之间关系的手法，最为直观快速认知园林景观设计效果的表现方式就是透视图。通过三维空间的表现推敲各种设计要素之间组合关系。本章着重介绍透视图的设计表现作用与绘制方法。

5.1.2 透视术语

透视术语表示一定的概念，在研究透视规律与法则的过程中，通常要拟定相应的条件并用透视学中的专业术语表达。因此首先要了解这些常用术语的含义，如图 5-1-2 所示。

(1) 景物——想要描绘的对象。

(2) 基面——放置景物的假想水平面。

(3) 画面——承载透视图的平面。

(4) 站点——观察景物透视时观者站立在基准面的点。即视点在基面的垂点。

(5) 视点——观察景物透视时观者眼睛的位置。

(6) 心点——视点在画面上的垂点。

(7) 视平面——过视点所作的水平面。

(8) 视平线——视平面与画面的交线。

(9) 基线——画面与基面的交线（基线与视平线应互为平行）。

(10) 视线——从物体上反射到观察者眼睛的光线路径。即从景物各点连接视点的想象直线。

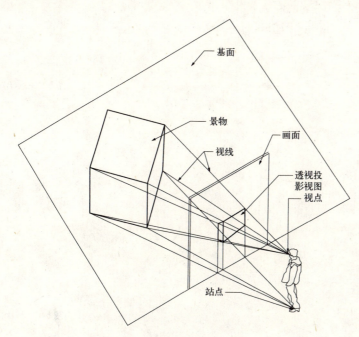

图5-1-2 透视图的各要素名称

5.1.3 透视图的分类

(1) 根据透视成像灭点规律，透视图分以下三种：

1) 一点透视——景物的主要面与画面(面 P)平行。景物的主要坐标长、宽、高三轴中，有宽、高两轴平行于画面（面 P），只有（长）轴垂直于画面（面 P），画面（面 P）中透视线只有一个灭点（点 S），因此称为一点透视，如图 5-1-3 (a) 所示。

2) 两点透视——景物的主要坐标长、宽、高三轴中，有长、宽两轴与画面（面 P）倾斜成相交角度。只有高轴与画面（面 P）平行，透视图中透视线有两个方向灭点（点 F_x、F_y），因此称为两点透视，如图 5-1-3 (b) 所示。

3) 三点透视——画面与基面倾斜，景物的主要坐标长、宽、高轴与画面（面 P）倾斜。三轴与画面透视线都有灭点（点 F_x、F_y、F_c），因此称为三点透视，如图 5-1-3 (c) 所示。

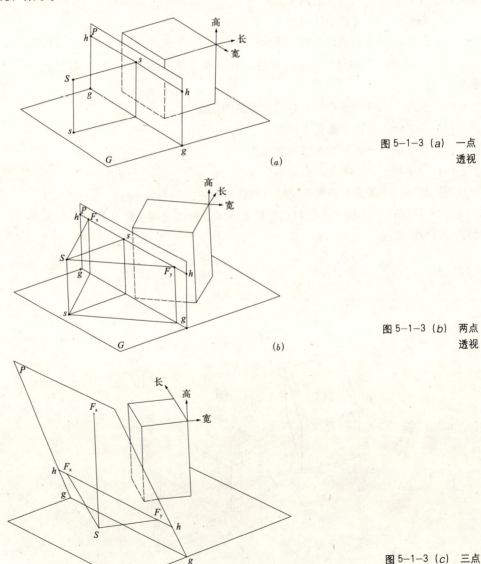

图 5-1-3 (a) 一点透视

图 5-1-3 (b) 两点透视

图 5-1-3 (c) 三点透视

(2) 透视的注视方向与透视图分类的关系如下（表 5-1-1）：

透视注视方向与透视图分类关系表　　　表 5-1-1

视向		透视图分类
平视		平行透视图（一点透视图）
		成角透视图（两点透视图）
仰视	正仰视	正仰视图（一点透视图）
	平行斜仰视	平行斜仰视图（两点透视图）
	成角斜仰视	成角斜仰视图（三点透视图）
俯视	正俯视	正俯视图（一点透视图）
	平行斜俯视	平行斜俯视图（两点透视图）
	成角斜俯视	成角斜俯视图（三点透视图）

5.1.4 透视图的用途

在园林景观设计中通常在方案设计与初步设计时就需要绘制透视图，用以三维直观的研究方案的空间合理性，透视图因其快速、直观、成本低等优势成为景观规划设计中的重要表现手段。在科学、工程技术、广告展览、产品造型等领域被广泛应用。

5.2 绘制透视图的相关选择

要绘制出一张好的透视图，需要选择画面大小和正确视点位置，设定合理视角以及适合的透视类型。最终达到准确反映我们的设计构思意图的目的。

5.2.1 选定视角

现实生活中，在不转动头的情况下用一只眼睛向前看，所能看清的范围构成一个锥形区域，其锥角称为视锥角。通常情况下，清晰可见视锥的范围为 60°，最清晰的在正 28°~37° 范围内。因此在绘制室外透视图时一般采用 30°，在绘制室内透视图时可以稍大些选 60°，以此来设定透视图中站点的距离，如图 5-2-1 所示。

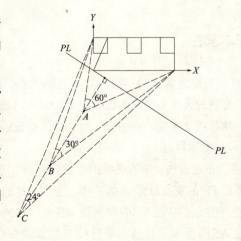

图 5-2-1　视角的选定

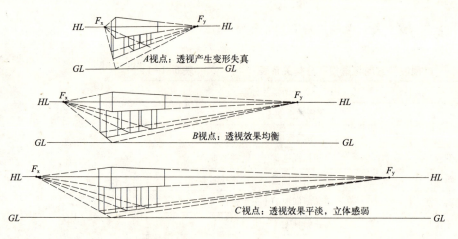

图 5-2-1 视角的选定（续图）

5.2.2 选定站立点左右位置

为了较好的展现画面的立体感，站立点的左右位置应该选择能够看见矩形转折面的位置，还要考虑画面的平衡，一般画面中透视主体的宽度中心位置最佳，允许在中间 1/3 范围内调整为佳。如果站立点位置离开画面中透视主体的宽度会产生失真，如图 5-2-2 所示。

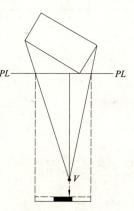

图 5-2-2 选定站立点

5.2.3 选定视高

视高确定画面视平线的高度，通常一般人的眼睛到地面的高度约为 1.6m 左右。因此绘制室外平视透视图时选用 1.6m，室内单层透视图中视高选用 1.4m，表现室内空间宽敞一些。绘制高层或多层建筑时通常选取 2～3 层高的视高。在绘制广场绿地或建筑群的鸟瞰图时视平线可高于建筑，如图 5-2-3 所示。

5.2.4 透视图的基本画法

视线法

求景物的透视可以归结为求其轮廓线、转折线的透视。视线法求透视的基本方法为：根据轮廓线的灭点和迹点的连线决定轮廓线的透视方向，然后从视点向直线两个端点作视线与透视方向相交，两交点间的连线即为透视。

1）视线法求透视的基本原理

用视线法求作空间任意直线 AB 的透视的步骤为：首先求作迹点和灭点，将直线 AB 沿长与画面 PP 的交点就是迹点 TAB。直线 AB 的灭点是直线离画面无穷远的点的透视，因此，从视点 VP 向直线 AB 无穷远的点作视线，实际上就是从 VP 作直线 AB 的空间平行线，平行线与画面的交点 FAB 即为直线 AB 的灭点。

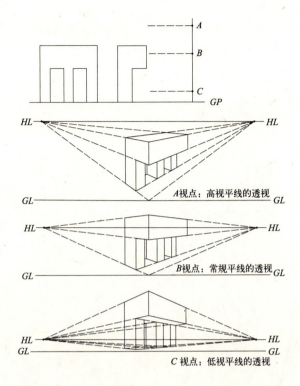

图5-2-3 选定视高

求作透视方向。迹点和灭点的连线 TF 可决定空间直线 AB 的透视方向。TF 实际上是以迹点和直线上无穷远的点两点为端点所连的直线的透视，直线 AB 只是其中的一段，直线的透视 AB 必然在其上。同样，AB 的基面正投影 ab 的迹点 t_{ab}（必在基线 GL 上）和灭点 f_{ab}（必在视平线 HL 上）的连线决定了基面直线 ab 的透视方向。

从视点 VP 向直线 AB 引视线交 TF 于 A、B 两点，连线 AB 即为直线 AB 的透视，同样可以得到基面投影 ab 的透视 ab，如图 5-2-4 所示。

实际作图时是采用分面的形式。因此，首先应在画面 PP 上定出灭点和迹点，并连接起来，然后从视点的基面正投影（即站点 S）向 ab 作视线交画面线 PL 于 a_g、b_g，向上引线分别交 TF 和 tf 于 A、B 和 a、b 四点，AB、ab 即为直线 AB 的透视和基透视，如图 5-2-5 所示。

2）视线法求透视的例题

【例 5-1】已知视距、视高、画面及视点位置、

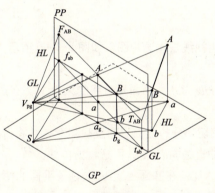

图5-2-4 视线法

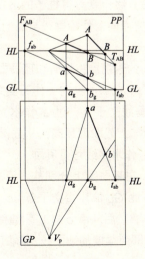

图5-2-5 实际分面作图

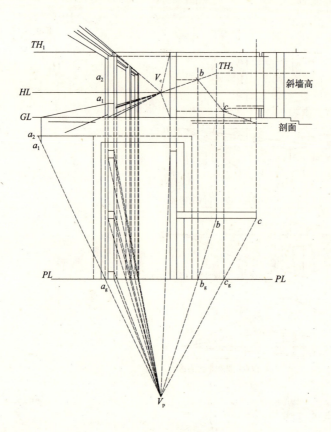

图5-2-6 视线法求透视

廊的平面和剖面，用视线法作透视图，如图5-2-6所示。

作题步骤

在画面上定出 HL、GL、画面垂直线的灭点 V_c；在适当位置处定出 PL 与廊的平面。

作出廊与 PL 相切部分的立面（它反映实形），并将台阶、廊地面、顶面、墙、柱子上与画面垂直的直线向心点 V_c 引透视方向线。

作柱子与墙的透视。在基面上从 V_p 向柱子平面的棱角引视线与 PL 相交，再由交点向画面作铅垂线，就可得柱子的透视。同样，从 V_p 向墙的另一端引视线与 PL 相交，从交点向上作铅垂线与墙的上下端透视方向线相交即可得墙面的透视。

作廊地面和顶面的透视。将地面和顶画面向左延长到 a_1 和 a_2 两点，并与 V_p 连接共同交 PL 与点 a_g。从 a_1 向上作铅垂线与 GL 相交，从交点向 V_c 引直线与 a_g 向上作的铅垂线交于 a_1，过 a_1 作水平线可得地面透视。从 a_2 向上作铅垂线并从 GL 开始向上截取廊顶高，从截得的点向 V_c 引直线与 a_g 向上作的铅垂线交于 a_2，过 a_2 作水平线可得顶面。

作斜墙的透视。在基面图上分别从斜墙的上、下转角向上作铅垂线与剖面图的斜墙地面线（比 GL 低）相交于 b、c，同时从 V_p 向斜墙的上、下转角引直线交 PL 于 b_g、c_g。然后从点 c 向 V_c 引直线与 c_g 向上作的铅垂线交于点 c，过点 c 向左作水平线即为斜墙的地面线。斜墙顶面透视点 b 可用两种方法求作，因为斜墙与画面平行，斜墙的倾角不变，所以过点 c 向上作与斜墙立面中倾角相同的斜线与过 b_g 向上作的铅垂线的交点就是点 b。另外，从点 b 向上作真高线 TH_2 并截得斜墙高度点，从该点向 V_c 引直线与 b_g 上作的铅垂线的交点也为点 b。

5.3 平行透视（一点透视）

5.3.1 平行（一点）透视的形成与特征

一点透视中的主要面平行于画面，室内透视图中应用能展现 5 个界面，画面多水平线展示很好的稳定性。适于表现静态单纯空间环境和横向场面较宽的景观场景，特点能很好展现纵向深度场景。

5.3.2 平行（一点）透视规律

景物的主要面与画面平行。坐标 X、Y、Z 轴中，有两轴平行与画面。只有一轴垂直与画面。画面透视线有只有一个灭点。画面中水平，垂直线方向不变，纵深方向线归于灭点。

5.3.3 平行（一点）透视的实用作图方法

基本画法：绘出如图 5-3-1 所示平面的一点透视图方法有以下各个步骤图：

（1）绘制界面轮廓

通过图 5-3-1"立点"S 向上做垂线，与基准面交于点 A。这就是灭点在基准面上的平面位置，如图 5-3-2 所示。

按比例绘制基准面。

做一条平行于基准面底线的水平线，水平线与基准面底线距离为视高。（人们习惯将视高定为 1.4m）通过 A 点向上做垂线，与视平线相交于点"M"，M

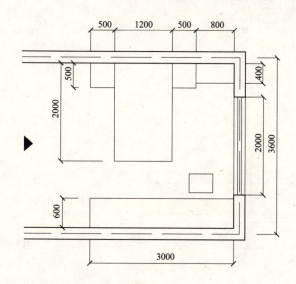

图5-3-1 房间平面图

即是该透视图的灭点。

分别连接四个基准面角点与灭点 M, 这样就绘制出了这个单人卧室一点透视的五个界面。

绘制出界面后还要求一个十分重要的点：距点。首先标出视平线与基准面的交点 C, 自 C 点开始，向右量出立距，从而得到 D 点，这就是距点。

（2）将平面"搬"到透视平面上

基准面上的所有尺寸反映的都是物体的真实尺寸，也叫做真高面。因此透视图中构件、家具的尺寸都要在这个面上量取。下面我们首先绘制这个单人卧室最右边的长柜体。在真高面上量取柜体的宽度为 600mm，得到点 E。连接并延长 M、E。此 ME 的延长线即为柜体的长度所在线。

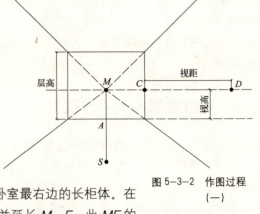

图 5-3-2 作图过程（一）

延长基准面的底线到 F, 使 JF 的距离等于柜体的真实长度 3000mm。连接距点 D 与 F, 并延长，与墙角线相交于点 G。JG 的距离即为该柜体在透视图中的长度。

通过点 G 做水平线，与 ME 的延长线交于点 H。E、J、G、H 所围合的梯形就是柜体在透视中的平面。通过这个方法可以求出其他家具在透视中的平面位置，如图 5-3-3、图 5-3-4 所示。

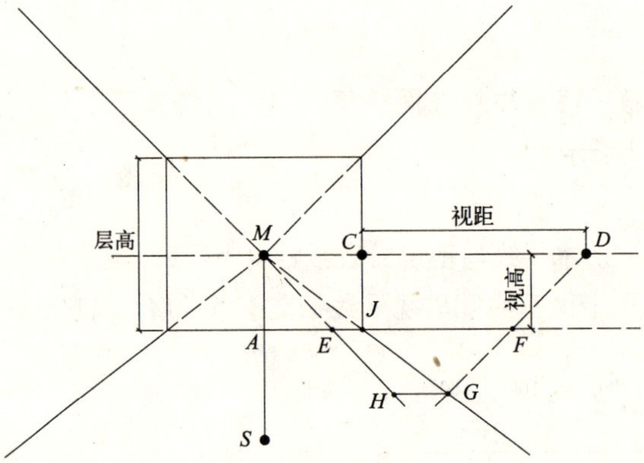

图 5-3-3 作图过程（二）

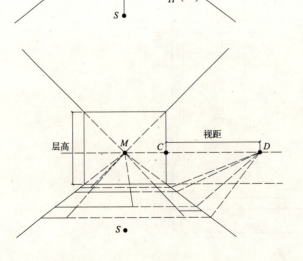

图 5-3-4 作图过程（三）

(3) 把家具拉高：分别通过上图求得柜体的四个顶点向上做垂线。其中最里面的一个面与基准面重合。柜体的高度在基准面上量取，得到点 K，连接 M、K，并延长，与柜体的垂直线交于点 N。以此方法求得柜体的立体图形，如图 5-3-5、图 5-3-6、图 5-3-7 所示。

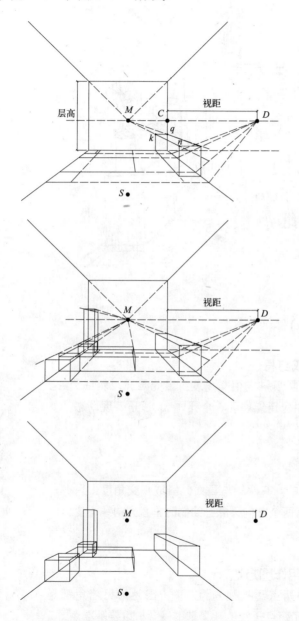

图 5-3-5 作图过程（四）

图 5-3-6 作图过程（五）

图 5-3-7 作图过程（六）

(4) 整理造型完成透视图：求出空间的基本家具轮廓后，就要通过丰富这些构件的细节，并同时添加配景来完成最终效果。这个过程要注意线条的美感。可以先铅笔起稿，然后描出准确的墨线，完成墨线底稿的制作。顶部造型也要用（一）～（三）步骤方法在顶部找到正确的透视位置，再丰富造型，如图 5-3-8 所示。

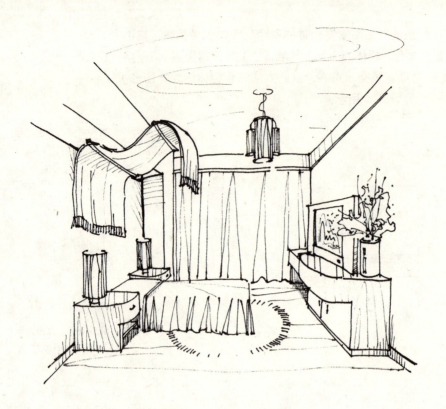

图5-3-8 完成的透视图

5.4 成角透视（两点透视）

5.4.1 成角（两点）透视的形成与特征

两点透视中的，有两轴与画面倾斜成相交角度。因此画面以斜线为主，显示较好的活泼性，室内透视图中应用能展现4个界面，适于表现动态，复杂空间环境。

5.4.2 成角（两点）透视规律

景物的主要坐标 X、Y、Z 轴中，有两轴与画面倾斜成相交角度。只有一轴与画面平行，透视图中透视线有两个方向灭点，绘制时垂直方向线不变，水平与纵深方向的线都趋向各自的灭点。

5.4.3 成角（两点）透视的实用作图方法

（1）绘制界面轮廓，常用的两点透视视角为 90°，因为常见墙角都是 90°，视高定为 1.4m。下图显示了两点透视的几个基本概念与重要基准点。

S 是立点，S 到真高线最低点的距离为立距。立距线将 90°的视角分隔成两个锐角。两个锐角线与视平线的交点 M_1、M_2 即是两点透视的两个灭点。过真高线最低点的水平线为地平线，视平线与地平线之间的距离为视高。D_1、D_2 是两个距点，求取距点的方法为：$M_1S=M_1D_2$、$M_2S=M_2D_1$。用以求取透视变形。真高是全图比例尺寸所在，如图 5-4-1 所示。

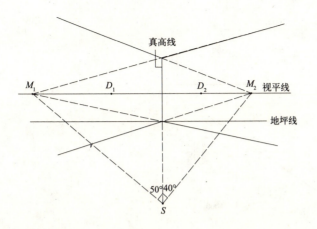

图5-4-1 两点透视的几个基本概念与重要基准点

(2) 下面在这样的透视界面中创立一个离开左右墙面都是一米的简单立方体，从中学习两点透视的基本方法。

量取立方体的实际尺寸，绘制于地平线上，得到点 A_1 与 A_2。连接 D_1A_1 与 D_1A_2 并延长至墙角，得到点 B_1 与 B_2。

连接 B_1、B_2 与 M_2 得到立方体底面的两条边线。用相同的方法可以求得另外两条边线。四条边线的交点就形成了该立方体的底面轮廓（如图所示梯形）。从这个轮廓的四个顶点向上引垂直线，这些垂线就是立方体的高度线。

在真高线上量取立方体的真高，得到点 C，并与灭点 M_1 相连。通过 B_2 向上引垂线，与 M_1C 相交于点 F。连接 M_2F 并延长，交立方体的高度线于 E 点。E 即是立方体在透视图中的高度，如图 5-4-2 所示。

(3) 用以下平面图为例题，绘制两点透视效果图，如图 5-4-3 所示。

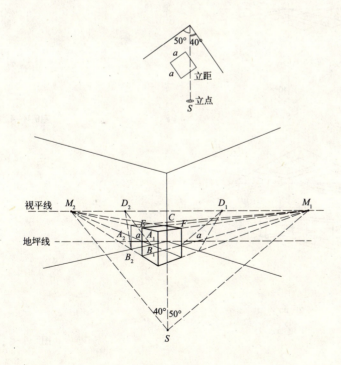

图5-4-2 两点透视的基本画法

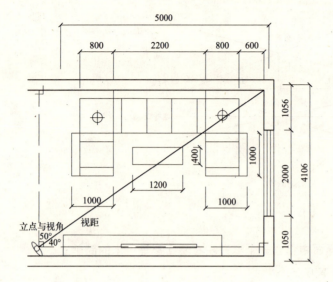

图5-4-3 房间平面图

(4) 根据前面讲述的方法,按平面图绘制出两点透视框架,并将平面主要家具绘制到透视地面上,如图5-4-4所示。

(5) 拉高家具时要注意空间平面的转换。利用家具间相互关系,减少工作量,快速完成透视,如图5-4-5所示。

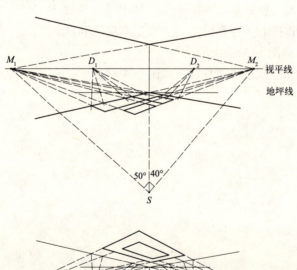

图5-4-4 步骤(一)

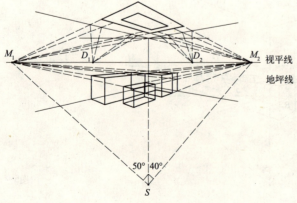

图5-4-5 步骤(二)

(6) 用造型丰富画面，注意线条美感。可以先铅笔起稿，然后，覆盖描出准确的墨线，完成墨线底稿的制作。顶部造型也要用以上步骤方法在顶部找到正确的透视位置，再丰富造型，如图 5-4-6 所示。

图5-4-6 透视效果图

5.5 三点透视

5.5.1 三点透视的形成与特征

画面与基面倾斜成一个角度时，表现的透视称为三点透视。因为三点透视的画面是倾斜的，原来空间中的相互平行的铅垂线，变为消失于灭点的倾斜线。这一点是三点透视独有的透视现象。表现出来的建筑物强调高度效果，给人以高耸、深邃、稳定、庄重的视觉效果。

5.5.2 三点透视规律

物的主要坐标 X、Y、Z 轴中，三轴与画面倾斜成相交角度。透视图中透视线有三个方向的灭点，绘制时垂直、水平与纵深方向的线都趋向于各自的灭点。

三点透视可以分为三种：

(1) 画面倾斜向前，画面与基面夹角<90°，称为仰视三点透视，特点是第三灭点在上方，原铅垂线向上方灭点消失。

(2) 画面倾斜向后，画面与基面夹角>90°，称为俯视三点透视，特点是第三灭点在下方，原铅垂线向下方灭点消失。

(3) 画面平行与物体水平面的主向，主向的水平棱没有灭点，成无限远的灭点。

5.5.3 三点透视的运用

常视点位置（包括抬高和降低视平线）的透视图的视域较窄，仅适合于反映和表现局部和单一空间，当需展现所设计园景总体的空间特征和局部间的关系时，就需要采用视点位置相对较高的鸟瞰图来表现。因为视点位置在景物上界面的上方，鸟瞰图能展现相当多的设计内容，在体现群体特征上具有一般透视图无法比拟的能力。因此，鸟瞰图在建筑设计和城市规划中得到了广泛应用，对平面性很强的风景园林设计来说更能体现出其表现能力。

鸟瞰图一般是指视点高于景物的透视图，但视点高于景物上界面的投影图都具有鸟瞰图的特点。因此，从广义上讲，鸟瞰图不仅包括视点在有限远处的中心投影透视图，还包括平行投影产生的轴测图以及多视点的动点顶视透视鸟瞰图。根据这一广义概念，平面图也具有鸟瞰图的性质，只是失去了景物高度方向上的内容，若在平面图上加绘平行光线投影后，就会具有一定的鸟瞰感。

5.5.4 三点透视的实用作图方法

(1) 透视鸟瞰图及其画法

根据画面与景物的位置关系，透视鸟瞰图可分为顶视、平视、俯视三大类。平视和顶视鸟瞰图在风景园林设计表现中比较常用。俯视鸟瞰图，特别是俯视三点透视鸟瞰图因其画法比较繁琐，故在园林设计表现中很少用。

1) 顶视鸟瞰图

顶视鸟瞰图实际上视画面平行于地面的一点透视图。与一点透视图所不同的是顶视鸟瞰图没有视平线 HL，只有距点线 DL；没有基线，只有与 DL 平行的量深线 TD。因顶视鸟瞰图的画面与所需表现内容的平面平行，故作图较简便，尤其当画面直接选在平面的位置上时，可以直接在平面图上作顶视鸟瞰图。在作顶视鸟瞰图时，视距 D 与心点 V_c 是两个重要的透视参数。选择视距应保证有较合适的视角，视角过大或过小所形成的透视均不佳。心点应选在能清晰、均匀地表达设计内容的位置上，既可选在图面内，也可选在图面外。对平面狭长、范围较广的设计内容，不宜用顶视鸟瞰图表示，可用动点顶视鸟瞰图或平视图表示。

顶视鸟瞰图的基本作法如图 5-5-1，作图步骤为：

①定出视距和心点 V_c，画面通常选在地面上或景物定面位置。

②以心点 V_c 为圆心，视距为半径作圆，过心点 V_c 作一直线（任意）与圆相交，交点即为距点。

③过 V_c 作画面的垂线，其透视深度（景物高度）可借助距点求得。但必须注意：第一，无论用哪根距点线 DL，量取景物实际深度 TD 线必须与该距点线平行；第二，当画面所选位置不同时，过 V_c 所作的画面垂线的方向不同。

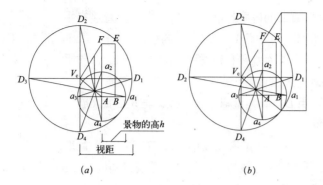

图5-5-1 顶视鸟瞰图的绘制过程
(a) 画面在距地面高 h 的位置上；(b) 画面在地面上

【例5-2】已知园景平面、立面、视距、视点及画面的位置（图5-5-2），求作该园景的顶视鸟瞰图。

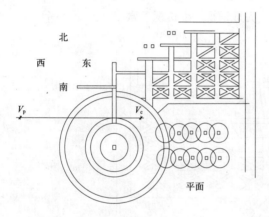

图5-5-2 已知条件

作图步骤：（图5-5-3）

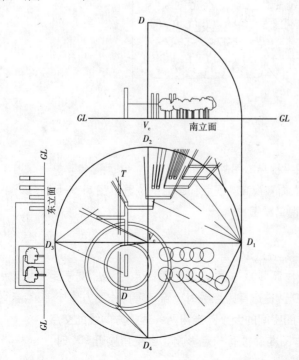

图5-5-3 作图步骤

①将画面选在地面上,因此平面上的内容反映实形和大小,可直接在平面上作图。根据已知条件定出心点 V_c,向心点 V_c 引透视方向线。

② 作距点和距点线。平面图中主要为水平和铅垂两组图线,可过 V_c 作平行垂直线并在其上用距 DV_c 为视距的长度截得距点 D_1、D_2、D_3 和 D_4。所有与南立面 GL 平行的水平量深线分别用 D_1 和 D_2 量取透视深度,与东立面 GL 平行的量深线用 D_3 和 D_4 量取透视深度。

③量深。在画面上选定起量点,作水平量深线或铅垂线 TD,在其上截取景物实际高度,过截点与相应的距点相连。连线与过起量点的透视方向线相交。所得交点可决定景物的透视高度。

④作定面的透视。与画面平行的矮墙、高墙和方柱的定面透视仍反映实际形状,但大小有所变化。求出其墙柱高度后,需要定出它们的顶面大小。

⑤擦除被挡住的稿线,加深图线,完成顶视一点透视鸟瞰图(图5-5-4)。

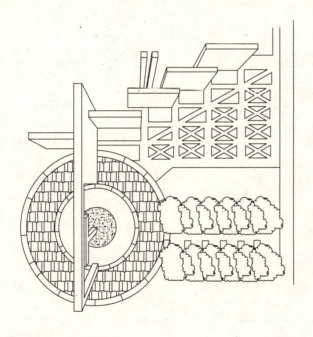

图5-5-4 顶视一点透视鸟瞰图

2) 平视鸟瞰图的基本作法

下面结合【例5-3】详细介绍平视鸟瞰图的基本作法。

【例5-3】已知园景的平面、立面、视高、视点和画面的位置(图5-5-5、图5-5-6)。求作该园景的一点透视鸟瞰图。

作图步骤:

①定出基线 GL、视平线 HL、心点 V_c。

②以 V_c 为圆心,视距为半径作圆弧,与过 V_c 的铅垂距点线 DL_1 交于距点 D_1,斜线距点线 DL_2 交于距点 D_2。在选择距点线时,除了考虑作图方便外,还需要考虑作图的准确性及所占作图空间的大小。当用两条透视方向线的交点求作透视时,两线交角的大小对作图准确性有一定影响,当交角接近90°时,

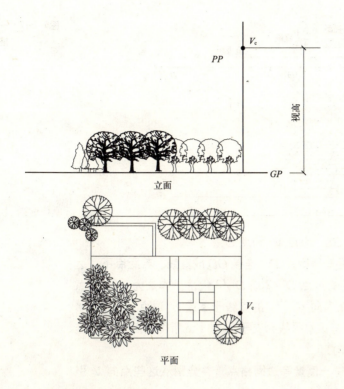

图5-5-5 已知条件（一）

图5-5-6 已知条件（二）

交点最准确、清楚。本例中的所有透视深度均可用视平线上的距点 D 求作。

③作垂线的透视方向线。将图5-5-5中的尺寸定到基线 GL 上并分别向心点 V_c 引直线可得垂线的透视方向线。

④量取透视深度。绘制出透视平面。

⑤量取透视高度。在图右侧设真高线，在其上量得树木和墙的高度，根据透视面可定出各自的透视高度。图5-5-6为最终完成的平视鸟瞰图。

(2) 一点透视网格法

用网格法作鸟瞰图较方便，它特别适用于作不规则图形、曲线等的鸟瞰图。网格法有一点透视网格法和两点透视网格法之分，一点透视网格的求作步骤为图5-5-7所示。

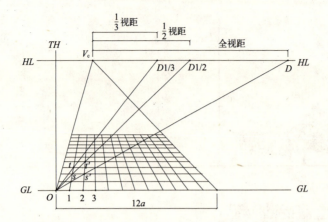

图5-5-7 一点透视网格法

1) 定出视平线 HL、基线 GL、心点 V_c 和点 O。

2) 在 HL 上 V_c 一侧按视距量得距点 D，连接 OD 成直线。若距点不可达时，可选用 1/2 或 1/3 的视距的距点 D1/2 或 D1/3 代替。作法为：将 O 点与 D1/2 或 D1/3 相连，交过点 1 向 V_c 所引的直线于 s 或 t；过点 s 或 t 作水平线，过点 2 或 3 向 V_c 引直线与该水平线相交于 s' 或 t'，所得交点与 O 相连即为所求 45°对角线的透视方向。

3) 在 GL 上从 O 点开始向一侧量等边网格点，并分别从这些点向 V_c 引直线。

4) 过上述直线与 OD 或 45°透视方向线的交点分别作水平线，即得一点透视网格。

(3) 两点透视网格法

1) 根据灭点位置的不同两点透视网格的作法应分别对待。当灭点可达时，可采用图 5-5-8 所示方法作两点透视网格，作法步骤为：

a) 根据网格平面，分别定出灭点 F_x、F_y，量点 M_x、M_y，基线 GL 和视平线 HL。

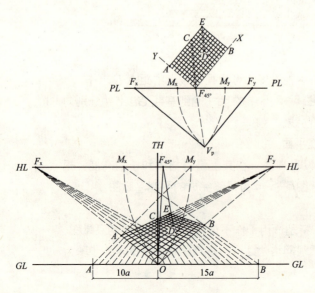

图5-5-8 两点透视网格法

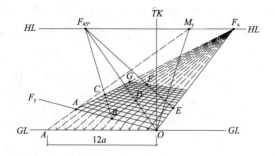

图5-5-9 灭点可达45°对角线的透视作图过程

b) 从基线上点 O 向 F_x、F_y 引直线,并向两侧量等边网格边 OA 和 OB。

c) 将 OA 和 OB 上点分别与 M_y 和 M_x 相连,与 OF_x 和 OF_y 相交,所得交点与灭点 F_x 和 F_y 相连可得两点透视网格。

2) 灭点可达的两点透视网格也可以利用 45°对角线的透视来作如图 5-5-9 所示,作法步骤为:

a) 沿 GL 上 O 点一侧量等边格网边 OA,并从其上的点向 M_y 引直线,与 Of_y 相交,从交点向 F_x 引直线可得 F_x 的方向线。

b) 从 O 点向 $F45°$ (45°线灭点)作直线,交 AF_x 于点 C,得到 OC 线。

c) 连接 CF_y 并延长交 IF_x 于点 D,从 D 向 $F45°$ 作直线,交 AF_x 于 E 点,可得 DE 线。

d) 45°对角线的透视 OC 和 DE 与已作 F_x 方向的直线相交,所得交点与 F_y 相连便得透视网格。

3) 当灭点不可达时,可采用如图 5-5-10 所示的方法作两点透视网格,作法步骤为:

a) 定出视平线 HL、基线 GL、灭点 F_x 和 F_y (在图外)、量点 M_y 以及点 O。

b) 作直线 OF_x 和 OF_y,与 GL 的平行线 f_xf_y 不交于点 f_x 和 f_y,连接 OM_y 交该平行线于点 m_y。

c) 作以点 1 为圆心,f_xf_y 为直径的圆。从圆心向上作垂线交圆于点 2;以 f_y 为圆心,f_ym_y 为半径向下作圆弧交圆于点 3,连接点 2 和点 3 交 f_xf_y 于点 $f45°$。

4) 从点 O 向 $f45°$ 作直线并延长,交 HL 于点 $F45°$,该点即为所求网格的 45°对角线的灭点。

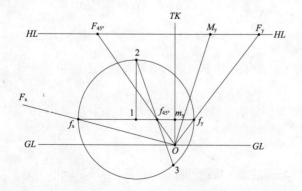

图5-5-10 灭点不可达作图过程

5）用与前述相同的方法作 F_x 方向直线，AF_x 与 OF 45°交于点 G。

6）作 BF 45°直线交 AF_x 于点 C，并与 BF_x 和 OF 45°的交点 D 相连，延长交 OF_x 于点 E；从 E 向 F 45°作直线交 BF_x 于点 F。

7）将直线 BC 和 OD、DG 和 EF 上与 F_x 方向直线的交点两两相连，可得透视网格。

5.6 平视时的斜面透视

5.6.1 透视中的斜面透视绘制

不与基面（地面）平行的空间直线称为斜线，如破屋顶、台阶、坡道等。它们的灭点不再落在视平线 HL 上，这类斜线的透视可按下面介绍的方法求作。

空间直线 AB 不平行于基面，它在基面上的正投影为 ab，AB 与其正投形 ab 的交角 θ 就是 AB 与基面的夹角。并且直线 ab 的灭点 faL 在 HL 上，空间直线 AB 的灭点 FAB 在过 fab 的铅垂线上，V_pFAB 和 $VPfab$ 的夹角等于斜线倾角 θ。VP 到 faL 的距离等于量点 M 到 fab 的距离，因此，斜线的灭点可按下列步骤求作（图5-6-1）：

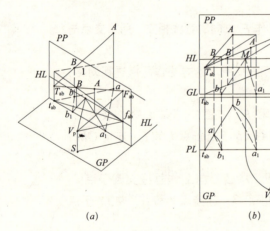

图5-6-1 斜面透视的绘制

(1) 在基面上从 VP 作 ab 的平行线与 PL 相交，求得交点 fab，以 fab 为圆心，$Vfab$ 为半径作圆弧与 PL 相交，求得量点 M。若 ab 与 PL 垂直，fab 即为心点 V，M 为距点 D。

(2) 在 HL 上定 M、fab 及其铅垂线。

(3) 过 M 作一直线，该直线与 HL 的夹角为 θ。所作直线与过 fab 的铅垂线的交点 FAB 即为斜线的灭点。

作出斜线灭点后，将其与迹点相连，借助基透视就能作出斜线的透视。

5.6.2 斜面透视的应用实例

【例5-4】已知台阶平面、立面、视点位置、视高和视距，如图5-6-2（a）

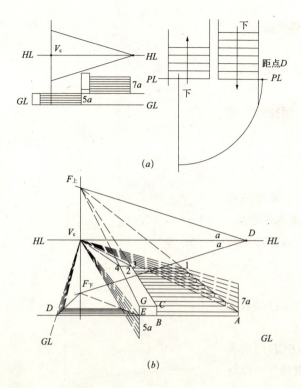

图5-6-2 作图过程
(a) 台阶平立面及透视参数；(b) 放大一倍作透视图

所示，求作台阶的一点透视图。

作图步骤图5-6-2(b)所示：

1) 在心点 V_c 一侧量得视距点 D，过 D 向上作 θ 角的直线与过 V_c 的铅垂线相交于点 F上，所求为台阶Ⅰ的斜线灭点，台阶Ⅱ与台阶Ⅰ等坡，但方向相反，其灭点在水平线下 θ 角的直线上，作法同 F上。

2) 作台阶Ⅰ的透视。在点 A 处作垂线，并在其上按台阶Ⅰ高度等分 (7a)，从等分点分别向 V_c 引直线与 AF 上相交，每个交点依次向下作垂线与下一级台阶踏面相交，然后向左作水平线。

3) 作挡墙的透视。从点 B 向 F 上引直线与过点1的水平线交于点2，向上作垂线交 CF 上于点3，连线 GF 上凡与过点3的水平线交于点4，然后从点3和4向 V_c 引直线。

4) 作台阶Ⅱ的透视。作法与台阶Ⅰ相似。从 E 向下作垂线，按台阶Ⅱ等分 (5a)，从等分点分别向 V_c 引直线与 EF 下相交，向左分别作水平线 HF 下相交，过每个交点依次向 V_c 作直线的反向延长线与上级台阶水平线相交。

5) 加深轮廓线，完成台阶透视图。

5.7 透视辅助方法

5.7.1 对角等分绘制法

无论在什么类型的透视作图中，当绘出物体的透视大轮廓后，需要按尺寸比例细分透视面，用以表现丰富画面，如柜面分门、墙上开门、窗位置等，都可采用对角等分法简便快速的求得相应位置。

(1) 求透视面中心（图5-7-1）

①连接透视矩形的顶点 BE、CF 相交 O 点，O 点为透视矩形中心点。

②在透视面上，连接对角线，相交即为透视矩形面的中心点。

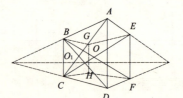

图5-7-1　求透视面中心

(2) 分割已知透视矩形（图5-7-2）

成角透视中透视面为例：

①在透视 ABCD 矩形面上，连接对角线 AC、BD，相交 O 点即为透视矩形面的中心点。

②过 O 点作垂线，即等分透视 ABCD 矩形面，重复操作可以继续等分。

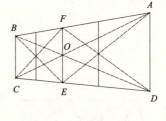

图5-7-2　分割已知透视矩形

(3) 求等大连续矩形（图5-7-3）

①在透视 ABCD 矩形面上，求 AD 中点 O 点，连接 BO 延长交 CD 延长线与 E。

②过 E 点作垂线，即得透视 ABCD 矩形面的连续等大透视矩形面 ADEF，重复操作可以继续延伸。

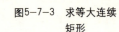

图5-7-3　求等大连续矩形

(4) 按比例分割透视面（图5-7-4）

①在透视 ABCD 矩形面上，任意等分 AD 垂线边 1、2、3、4、5……

②连接对角线 AC，相交灭点与 1、2、3、4、5……等分点的连线。

③过各个焦点作垂线即为透视矩形面的多点等分垂线。

如果 AD 边上的等分点是以比例距离设定的，那么分割的矩形面也是按相同比例。

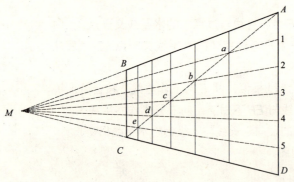

图5-7-4　按比例分割透视面

5.7.2　方中求圆（曲线物体）透视绘制法

(1) 圆形面透视的基本规律

透视图中常用 8 点定圆法绘制圆形。所谓 8 点定圆法就是先求出该圆的外接正方形，从而找出圆的关键控制点。这 8 点如何求出（图5-7-5）：

通过外接正方形对角线的交点分别作水平与垂直线，交正方形的四边于 ABCD 四点。

连接 AD，与对角线交于 F，连接 BF 并延长，与正方形的边交于 G，连接 GH，与对角线交于 J。用相同的方法求得 K、L、M。

连接 A、B、C、D、J、K、L、M 八个点得到所要的圆形。

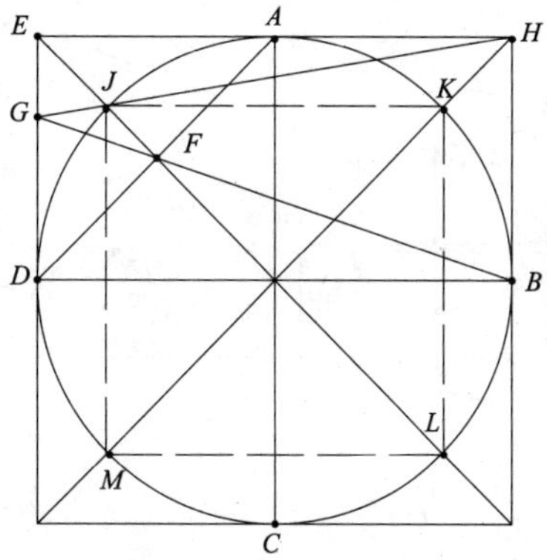

图5-7-5

(2) 圆形面透视绘制方法

1) 一点透视中圆透视的常见状态（图5-7-6）。

在一点透视中（图5-7-6）三种典型情况，重点要注意的是先求得弧线所外接的正方形，再用 8 点定圆法绘出弧线。随界面的改变纵深方向的线要跟走灭点 M。

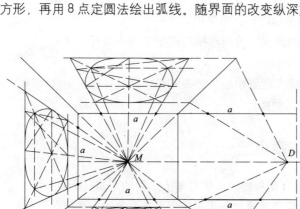

图5-7-6

2) 两点透视中圆透视的常见状态（图5-7-7、图5-7-8）。

在两点透视中在平面与立面的两种典型情况，重点要注意的是先求得弧线所外接的正方形，再用 8 点定圆法求弧线。随界面的改变不同方向的线，要跟走不同灭点 M_1 或 M_2。

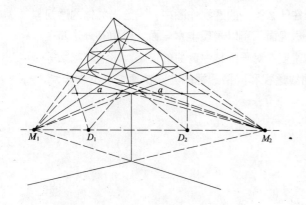

图5-7-7

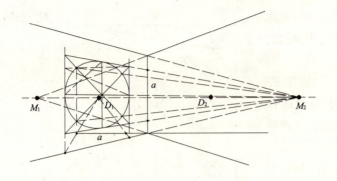

图5-7-8

(3) 平面曲线透视

园林中弯曲的道路、水池和花坛等不规则的平面曲线的透视可用透视网格的方法求作,具体作图步骤如下:

1) 在平面图上建立合适的方格网,方格单位边长的大小应以能绘制出相对准确和肯定的曲线为准。当图形复杂时,方格单位边长可小些。

2) 绘制出方格网的一点或两点透视,透视网格的详细作图方法可参考第4章中有关内容。

3) 将平面图中曲线与格网的交点定到相应的透视网格中去,并按照平面图中曲线的走向,将各点连接成光滑的曲线。

本章小结

透视现象产生原因是我们观看客观景物时,景物与人之间的距离有不同,这样就有了透视现象。透视一词的意思是透过一个透明平面来看景物。透视图形的产生是景物把光反射到人眼的光线通过了画面,并与画面有许多焦点,链接起这些焦点就成了透视图。

本章着重介绍透视图的设计表现作用与实用绘制方法。根据透视成像灭点规律,透视图分以下三种:一点透视、两点透视、三点透视。要绘制出一张好的透视图,需要选择画面大小和正确的视点位置,设定合理视角以及适合的透视类型。最终达到准确反映设计构思意图的目的。在了解了透视图的基本绘制方法后,通过实例着重讲解一点透视、两点透视、三点透视在园林景观设计中实用的绘制技巧与方法。无论在什么类型的透视作图中,当绘出物体的透视大轮廓后,需要按尺寸比例细分透视面,用以表现丰富画面,对角等分法简便快速的求得相应位置。提高绘制速度。对于园林中弯曲的道路、水池和花坛等不规则的平面曲线的透视可用曲线透视和网格透视的方法快速准确的求作。

园林制图

第6章　园林工程图

本章学习要点：介绍园林工程图的特点及种类，各种园林工程图的内容、绘制方法及读图的要领。了解并掌握各种园林工程图的内容，能读懂园林工程施工图，掌握绘制园林工程图的方法和步骤。

6.1 园林工程图概述

在园林设计和施工中，使园林最大限度地满足人们的审美要求，最大限度地发挥园林的功能要求，这样的一种造景技艺和过程，称为园林工程。包括土方工程、筑山工程、水体工程、园路工程、种植工程等。

园林工程图是用来指导园林工程施工的一系列图纸，它利用园林投影的方法，按照国家相关标准的规定，详细准确地表达了园林工程的总体设计，各个单体工程设计内容，施工要求及施工做法等内容。园林设计是在一定的区域范围内运用艺术法则和工程技术手段，将园林中的山石、植物、地形、建筑四个要素合理地组合起来，塑造出美的园林艺术形象。施工图阶段是将设计与施工连接起来的环节。根据所设计的方案，结合各工种的要求分别绘制出具体、准确地指导施工的各种图，这些图应能清楚、准确地表示出各项设计内容的尺寸、位置、形状、材料、种类、数量、色彩以及构造和结构，完成施工平面图、地形设计图、种植平面图、园林建筑施工图等。

园林工程图是设计师的语言，表达了设计师的设计意图，说明园林工程施工要求和做法，是园林工程施工、预算、监理等的依据。

6.1.1 园林工程图的特点

(1) 园林工程图所要表现的对象较多

园林工程所涉及的范围很广，而工程图纸所要表现的对象包括山石、水体、建筑、植物等，园林工程图所要表现的范围品种繁杂，各具特色，不同于建筑、机械制图。

(2) 园林工程图要具有科学性

园林设计本身要考虑到人体工程学、行为心理学、力学以及其他相关工程学技术要求。其安全性、功能性要求也内在地规定了园林工程建设所必需的科学性。园林工程图所涉及的各项工程，从设计到施工均应符合相应的标准及规范。

(3) 园林工程图综合性很强

园林设计综合了雕塑、美术、建筑、植物、生态、人文、地理、历史等众多学科。而园林工程的实施涉及土木、植物、给水排水等工程措施，还应了解植物的形态特征、生态习性，进行有效的施工组织管理和施工。

(4) 园林工程图具有一定的艺术性

园林自其产生之日起就与艺术结下不解之缘，园林是实现人们在辛苦劳作之后对美的追求的一种形式。古今中外，所有优秀的园林作品都散发着浓厚的艺术气息，无形之中实现了对人类美好情操的陶冶。园林中的工程构筑物除满足一般工程构筑物的结构要求外，其构建形式也应同园林意境相一致，并富有美感，注重细节的处理、整体的把握，充分体现园林景观的艺术品位。

6.1.2 园林工程图的种类

一套园林工程图应包括：

(1) 设计施工总说明。包括设计图纸和文件目录、设计总说明。

(2) 园林总体规划设计图。包括总体平面图、总平面图、剖面图、整体或重要景区局部鸟瞰图。

(3) 土方工程施工图。包括竖向设计图、土方调配图。

(4) 假山工程施工图。包括假山工程施工图和置石工程施工图。

(5) 园路工程施工图。

(6) 水体工程图。

(7) 种植工程施工图。

6.2 园林设计总平面图

6.2.1 园林设计总平面图内容与用途

园林总平面图是反映园林布局、各要素的相对位置及关系、道路交通组织方式等工程总体设计意图的主要图纸，主要用于反映新建之间或新建的与原有的园林各组成要素之间的相对位置关系、朝向，以及同周围其他环境的关系，如道路交通、给水排水、供电、相邻单位或用地性质。它是反映园林工程总体设计意图的主要图纸，也是绘制其他图纸及园林施工的依据。

园林总平面图表达的内容包括：

(1) 标出测量坐标网（坐标代号宜用"X、Y"表示）或施工坐标网，准确的放线基准点、基准线。应用粗虚线将建筑红线表示出来。

(2) 园林建筑、小品及景点的位置、范围。反映出相互的位置关系。当有停车场时，应标注出停车库（场）的车位位置，有地下车库时，地下车库位置应用中粗虚线表示出来；小品中的花架及景亭应采用顶平面图在总平面图中示意。应标注广场、小品及构筑物的名称。

(3) 表明园林工程用地区域范围内对地形、地貌原有自然状况的改造和新的规划，以及地形竖向控制标高。

(4) 标注建筑物的编号，以详细尺寸或坐标网格标明园林植物位置、建筑物、构筑物、出入口、围墙及地下或架空管线的位置和外轮廓。建筑物及构筑物在总平面图中采用轮廓线表示，采用粗实线。

(5) 注明道路、广场、建筑物、水体水面、地下管沟坡降、山丘、绿地和古树根部标高，并注明其衔接部位。

(6) 表明园林工程用地区域四周的道路交通、河流、湖泊、用地性质等情况。

(7) 指北针或风玫瑰图、比例、图例、图签和图名等。

(8) 撰写规划说明书。应包括现状分析、规划意图和目标,解释说明规划内容。

6.2.2 总平面图绘制方法与步骤

(1) 全面了解园林工程用地范围的地形、地貌现状。包括建筑物、构筑物、道路、水体系统、各种地上及地下物的平面位置,地下物还应了解埋置深度、地面坡度、排水方向等内容。

(2) 根据用地范围和工程内容,选择合适比例,确定图幅大小,布置图面。园林设计图常用比例见表6-2-1。

园林设计图比例的选用　　　　　表6-2-1

图纸名称	常用比例	可用比例
总平面图	1∶500, 1∶1000, 1∶2000	1∶2500, 1∶5000
平、立、剖面图	1∶50, 1∶100, 1∶200	1∶150, 1∶300
详图	1∶1, 1∶2, 1∶5, 1∶10, 1∶20, 1∶50	1∶25, 1∶30, 1∶40

绘图比例总平面图通常选择1∶500～1∶1000的比例尺,若用地面积大,总体布置内容较少,可考虑选用较小的绘图比例。若用地面积较小而总体布置内容较复杂,为使图面清晰,应考虑采用较大的绘图比例。小游园、庭院、屋顶花园等面积较小,可选用1∶200或更大的绘图比例。

(3) 绘出现有地形和地貌,以及要保留的地上构筑物、管线。

(4) 绘出新规划设计的道路系统和活动用地。

(5) 绘出新规划设计的园林建筑、构筑物及园林设施、小品、园林植物等。

(6) 根据需要确定坐标原点及坐标网格的精度,绘制坐标网。坐标网格可画成100m×100m或50m×50m的方格网,也可根据实际需要调整,对于面积较小的可用5m×5m或者10m×10m的坐标网。

(7) 检查底稿,加深图线。

检查底稿完全正确无误后,将多余图线擦掉,按照以下要求加深图线:

1) 坐标网格用细实线绘出。

2) 对现状地形和主要地上物用细实线表示。如原有建筑物、构筑物、道路、桥涵、围墙的可见轮廓线。

3) 新建道路路肩、人行道、排水沟、树丛、草地等的可见轮廓线用细实线绘制。

4) 新规划设计的建筑物、构筑物、道路等可见轮廓线用粗实线或中粗实线。

(8) 标注尺寸和标高

总平面图中尺寸和标高以米(m)为单位,并取小数点后两位,不足的以0补齐。

(9) 注写设计说明

具体内容有：
1) 总体规划、布局的有关说明；
2) 工程情况的有关说明；
3) 有关总体标高以及基准引测点的说明；
4) 关于补充图例的说明；
5) 施工技术要求和做法的说明。
(10) 其他
标注比例，填写标题栏、图签，画出玫瑰风向图。

6.2.3 总平面图的读图要则（图6-2-1）

(1) 先看图样的比例、图例及有关文字说明，了解规划设计意图和园林工程性质。

(2) 了解该地区城市的市政规划（如建筑、道路、管线等）。

(3) 了解工程用地范围、地形、地貌和周围环境情况等；明确用地环境的方位和朝向。

(4) 了解总体规划，明确各子项工程相互位置关系以及与周围环境的关系，分析规划内容的合理性。大致内容可细分为：
1) 出入口的类别和具体位置，应根据城市的规划和布局的要求确定；
2) 各功能区域或景点的性质、位置、大小及其相互联系；
3) 园路系统的等级、分布、走向以及容量；
4) 植物造景的特色、植物种类的选择、分布以及与其他造景要素间的关系等；
5) 工程管线和地下构筑物的位置、走向，与其他造景要素间有无冲突等；
6) 河湖水体的面积大小、性质、分布等。

(5) 了解各处位置的标高，如地坪标高、等高线高程、地面坡度、雨水排出方向等，可分析竖向设计的合理性。总平面图中标数值，以米为单位，一般注到小数点后两位。

(6) 明确工程施工放线的基准依据。

(7) 明确对工程情况的有关说明。

6.3 园林竖向设计图

6.3.1 竖向设计图的内容和作用

竖向设计图是根据设计平面图及原地形图绘制的地形详图，借助标高的方法，表示地形在竖直方向上的变化情况，是进行地形及土石方预算等的依据。

竖向设计的关键是处理好自然地形和景园建筑中各单项工程（如园路、工程管线、水池、排水沟道、园桥、构筑物、建筑等）间的空间关系，如图6-3-1所示。

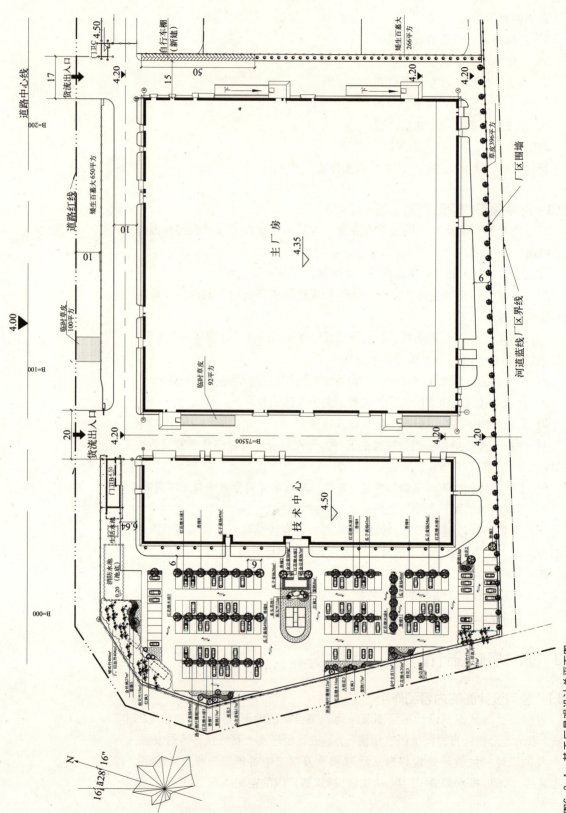

图6-2-1 某工厂景观设计总平面图

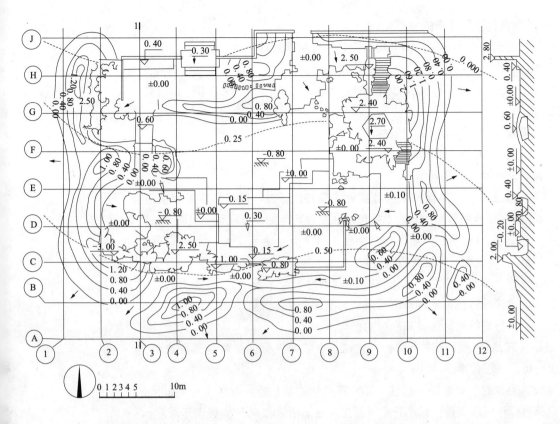

竖向设计图主要表达竖向设计所确定的各种造园要素的坡度和各点高程。包括平面图和剖视图，必要时还绘出土方调配图。

图6-3-1 某游园竖向设计图

6.3.2 竖向设计平面图

(1) 平面图的内容

平面图主要表示设计和现状高程，以设计等高线表示。设计等高线的等高距根据图纸的比例不同要求也不同。具体的比例尺为1∶100，1∶200，1∶500，1∶1000，其等高距要求分别为0.2、0.5、1.0m。平面图比例尺选择同总平面图，可选择1∶100～1∶500，必要时可选1∶1000，利用坐标网格，可用(2m×2m)～(10m×10m)的方格。

(2) 作图方法与步骤

1) 根据征用地和图样复杂程度，选择比例、确定图幅、布置图面。

总体规划多用1∶1000～5000 (2000)

详细规划多用1∶2000～1000

2) 绘出定位轴线

绘出直角坐标网格，并确定定位轴线，为绘制工程的平面位置提供绘图控制基准。

3) 根据地形设计，选定等高距，绘制等高线

设计地形等高线用细实线，原地形等高线用细虚线。

4）绘制其他造园要素的平面位置
①园林建筑及小品：按比例采用中实线只绘制其外轮廓线。
②水体：岸线用特粗线绘制，湖底为缓坡时，用细实线绘出湖底等高线。
③山石、广场、道路：山石外轮廓线用粗实线绘制，广场、道路用细实线绘制。
④为清晰起见，通常不绘制园林植物。

5）标注排水方向、尺寸和注写标高
①排水方向用单箭头表示。
②等高线上应注写高程，高程数字处等高线应断开，高程数字的字头应朝向山头，数字应排列整齐。一般以平整地面高程定为＋0.00,高于地面为正，数字前"＋"可省略；低于地面0.00为负，数字前应注写"－"号。高程的单位为"米"，小数点后保留两位有效数字。
③建筑物、山石、道路、水体等的高程标注如下：
建筑物：应标注室内地坪标高，以箭头指向所在位置。
山石：用标高符号标注最高部位的标高。
道路：其高程一般标注于交会、转向、变坡处。标注位置以圆点表示，圆点上方标注高程数字。
水体：当湖底为缓坡时，标注于湖底等高线的断开处；当湖底为平面时，用标高符号标注湖底高程，标高符号下面应加画短横线和45°斜线表示湖底。

6）注写设计说明
用简明扼要的语言注写设计意图附设计说明书。

7）画指北针或风向频率玫瑰图，注写标题栏。

6.3.3　竖向设计立面图

在竖向设计图中，为使视觉形象更明了和表达实际形象轮廓，或因设计方案进行推敲的需要，可以绘出立面图，即正面投影图，使视点水平向所见地形、地貌一目了然，而断面图、剖面图则是地形变化按比例在纵向（以等高线与剖面线交点连接而描绘出的带有垂直向标高的坐标方向）和横向（地形水平长度坐标方向）的表达。以说明地形上地物相对位置和室内外标高的关系。同时，说明植被分布及树木空间的轮廓与景观气势（包含林冠线，指树丛和林带在立面空间构图的轮廓线），还可说明在垂直空间内地面上不同界面的处置效果（如水岸变化坡度延伸情况、垂直空间里上中下层生态群落植物配置情况等）。

6.3.4　竖向设计图读图要则

（1）看图名，比例，指北针，文字说明
了解工程名称，设计内容，所处方位和设计范围。
（2）了解地形现状及原地形标高
结合园林整体规划和地形景观规划，分析竖向设计坡度和高程的合理性。

(3) 了解竖向设计地形填挖标高，填挖土方总量，以及客土的处理方法。
(4) 了解地形改造的施工要求及做法，设计的合理性。
(5) 看排水方向。

6.3.5 土方调配图

土方工程施工图也称土方调配图，用直角坐标网格标定工程的土方调配改造的平面布置，网格方格为（2m×2m）~（10m×10m）。

在土方调配图上应该注明各方格交点原地面标高、设计标高和填挖高度（其中数字前面加"+"表示填方，"-"表示挖方）及挖区间分界线。表明各方格土方量和总土方量，列出土方平衡表，如图6-3-2所示。

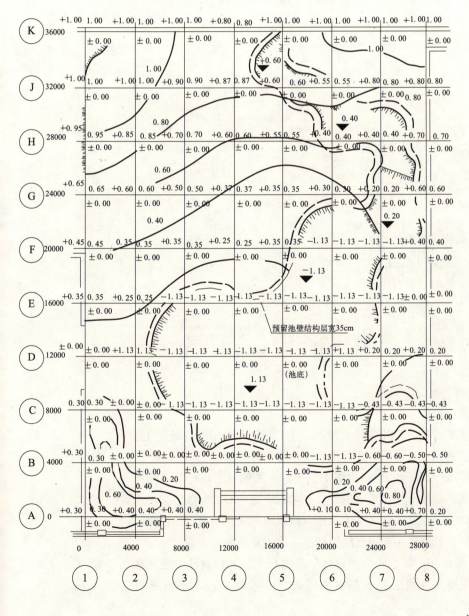

图6-3-2 土方调配图

6.4 园路工程图

6.4.1 园路工程施工图

园路，是园林的脉络，联系园林景区、景点的纽带。园路一般分为三级：主干道、次干道和游步道。主干道宽6~7m贯穿全园各景区，多呈环状分布。次干道宽2.5~4m，是各景区内的主要游览交通路线。游步道是深入景区内游览和供游人漫步休息的道路，双人游步道宽1.5~2m，单人游步道宽0.6~0.8m。道路的坡度要考虑排水效果，一般不小于3%。纵坡一般不大于8%。如自然地势过陡，则要考虑采用台阶。不同级别的道路的承载要求不同，因此要根据不同等级确定断面层数和材料。园路工程施工图主要包括路线平面图、路线纵断面图、路基横断面图、铺装详图，如图6-4-1所示。

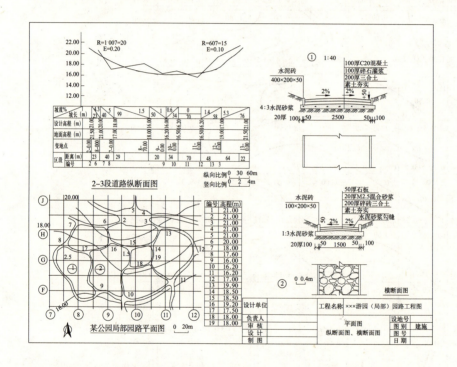

图6-4-1 园路工程施工图

(1) 路线平面图

路线平面图主要表示园路的平面布置情况。内容包括园路路线的线形（直线或曲线）状况和方向，以及园路所在范围内的地形及地物等。

地形一般用等高线来表示，地物用图例来表示，图例画法应符合总图制图标准的规定。路线平面图一般所用比例较小，可在道路中心画一条粗实线来表示路线。如比例较大，也可按路面宽度画成双线表示路线。新建道路用中粗线，原有道路用细实线。路线平面由直线段和曲线段（平曲线）组成。

在平面图中，园路和广场的轮廓用具体的尺寸标明；其位置或曲线线形标出转弯半径或直接用直角坐标网格（或轴线、中心线）控制。方格网采用（2m×2m）～（10m×10m）。图形的比例尺同总平面图比例尺，即取1：100～1：500。

在平面图中绘出轴线并注明编号（注意基准点和基准线的坐标），并注写有关说明。

对碎石路面和块料路面，一般采用局部详图表示。

(2) 路线纵断面图

纵断面图是假设用铅垂剖切平面沿着道路的中心线进行剖切，然后将所得的断面图展开而形成的立面图。路线纵断面图用于表示路线中心的地面起伏状况。纵断面图的横向长度就是路线的长度。

由于路线的高差比路线的长度要小得多，故路线的纵断面图通常采用两种比例绘制。如长度用1：2000，高度用1：200。

一般对于有特殊要求的或路面起伏较大的园路，都应绘制纵断面图。

(3) 路基横断面图

路基横断面图是假设用垂直于设计路线的铅垂剖切平面进行剖切所得到的断面图，是计算土石方和路基的依据。

一般要求沿道路路线每隔20m画一路基断面图。横断面图中，地面线用细实线，设计线用粗实线。每个图形下标注桩号、断面面积、地面中心道路及中心的高差。

路基横断面一般用1：50、1：100、1：200的比例。

(4) 铺装详图

铺装详图用于表达园路的面层结构，如断面形状、尺寸、各层材料、做法、施工要求和铺装图案等，如图6-4-2所示。

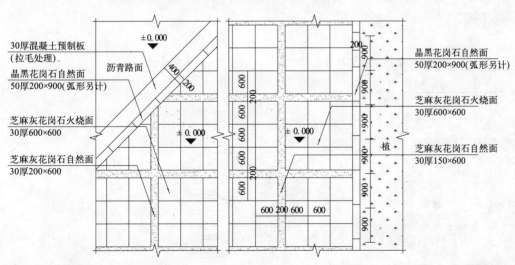

图6-4-2 铺装详图

6.4.2 园路施工图读图要则

阅读园路施工图，着重了解下述内容：

第6章 园林工程图 113

(1) 图名、比例;
(2) 了解道路宽度,中心线标高,放线用基准点、基准线坐标;
(3) 了解路面表面的铺装情况,包括:根据不同功能所确定的结构、材料、形状（线形）、大小、花纹、色彩、铺排形式、相对位置、做法处理和要求等;
(4) 了解排水方向及雨水口位置。

6.5 水景工程图

园林中的水景工程,一类是利用天然水源和现状地形修建的较大型的水面工程,如驳岸、码头、桥梁和水闸等;另一类是游园、小区内修建的小型水面工程,如喷水池、种植池等人工水池。

6.5.1 水的表示方法

水面,有静水面与动水面。水景不同表示方法也有差异,见表 6-5-1。

静水面,水明如镜,清澈可鉴,可见倒影。对静水面,用平行直线表示。绘图时,平行直线既可连接也可断续,断续留出空白表示受光部分,反映光影效果。对大水面,平行直线可绘成中间疏周边密。

动水面,水随风动,微波起伏,其纹如锦。对动水面,可用"网巾法"(即绘图时笔平拉,有规则地屈曲,上线向下,下线曲向上,互相连接形成网状)表示,也可利用波形短线条表现水面随风拂动的波纹。

水池,可在平面图上用粗实线绘出水池轮廓外线,然后,在水池轮廓外线里绘出两至三条与水池轮廓外线平行的细实线（似池底等高线）表示。在绘图时,对自然水池,细实线应绘得流畅自然,且线间距不等。对规则水池,细实线应画得规则整齐。

水体的表示方法 表 6-5-1

序号	名 称	图 例
1	自然形水体	
2	规则形水体	
3	跌水、瀑布	
4	旱涧	
5	溪涧	

6.5.2 驳岸施工图

为提供稳定和美观的湖岸,防止地面被淹或水岸的倒塌,并维持地面和水面的一定面积比例,园林的水体边缘都建有驳岸。驳岸可分为基础、中部和顶部三部分。

驳岸设计图主要包括平面图、断面详图,如图 6-5-1 所示。

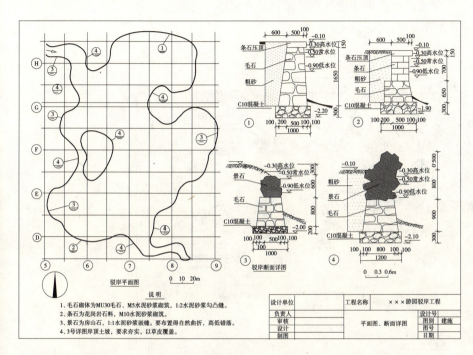

图6-5-1 驳岸工程施工图

(1) 平面图

驳岸平面图表示驳岸的平面位置、区段划分及水面形状、大小等内容。驳岸平面位置的确定:若为园林内部水体驳岸,则根据总体设计确定;若该水体与公共河道接壤,则按照城市规划河道系统规定的平面位置确定。

在设计图上,一般以常水位线显示水面位置,对垂直驳岸,显然常水位线就是驳岸向水一侧的平面位置,即驳岸平面投影位置重复于水面平面投影位置;对倾斜驳岸的平面位置,根据倾斜度和岸顶高程向外推算求得,也即驳岸平面投影位置应比水面平面投影位置稍大。

在平面图上,驳岸线平面形状一般为自然曲线,无法标注各部分尺寸,一般采用方格网确定。驳岸平面图的方格网的轴线标号,应与总平面图一致。

对构造不同的驳岸应分段表示,分段线为细实线,与驳岸垂直,每段应标注详图缩影符号。

(2) 断面详图

驳岸的断面图,主要表示某一区段驳岸构造、大小尺寸和标高,以及驳岸的建造材料、施工方法与要求等,并注写由湖(河)底、水位(包括最高水位、常水位和最低水位)和驳岸顶部、底部的位置和标高。

对人工造水体，则标注出溢水口标高为常水位标高；对整形驳岸，驳岸断面形状，结构尺寸和有关标高等均应注写出；对自然式驳岸，由于形体欠规则，尺寸精度要求不高。

6.5.3 水池施工图

水池在园林造景中用途广泛。水池设计施工图包括平面图、立面图、剖视图、管线布置图和详图等图样，如图 6-5-2 所示。

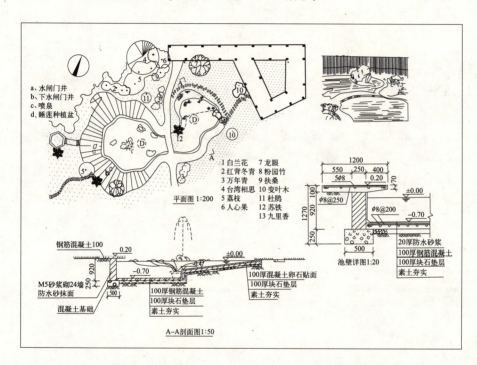

图6-5-2 水池施工图

(1) 平面图

平面图用以表达水池平面设计的内容。主要包括水池的平面形状、布局及其周围环境、构筑物及地下、地上管线中心的距离位置；表示进水口、泄水口、溢水口的平面形状、位置和管道走向。若为喷水池或种植池，则还须表示出喷头和种植植物的平面位置。水池的水面位置，在平面图中按常水位线表示。

具体包括：

1) 放线的基准点、基准线；

2) 标出规则几何图形的轮廓尺寸，对自然式水池轮廓可用直角坐标网格控制，网格的比例尺为 (2m×2m) ～ (10m×10m)；

3) 水池与周围环境、建筑物及地上、地下管线距离的尺寸；

4) 进水口、泄水口、溢水口等形状和位置的尺寸及标高；对自然水体，则标注出最高水位、常水位、最低水位标高；

5) 周围地形的标高和池岸、池岸岸顶、池岸岸底等处的标高；

6) 池底转折点、池底中心、池底标高及排水方向；

7）对设有水泵的，则应标注出泵房、泵坑的位置和尺寸，并注写出必要的标高。

（2）立面图

立面图表示水池立面设计内容。着重反映水池立面的高度变化，水池池壁顶与附近地面高差变化，池壁顶形状及喷水池的喷水水面。

（3）剖面图

剖面图表示剖面结构设计的有关内容。主要表示水池池壁坡高，池底铺砌及从地基至池壁顶的断面形状、结构、材料和施工方法及要求；表示表层（防护层）和防水层的施工方法；表示池岸与山石、绿地、树木结合的做法；表示池底种植水生植物做法等内容。剖面图的数量及剖切位置，应根据表示内容的需要确定。

剖面图上主要标注出断面的分层结构尺寸及池岸、池底、进水口、泄水口、溢水口的标高。与公共河道接壤的湖、溪等园林内部的水体，在剖面图上须表示出常水位、最高水位和最低水位高程。

（4）详图

对各单项土建工程，如假山及泵房、泵坑、给水排水、电气管线、配电装置、控制室等，绘出综合管网图。

综合管网图，表达管线安装设施的内容。主要表明各种管线的平面位置和管线的中心相距尺寸。如给水排水、电气管线、配电装置、水池的进水口、泄水口、溢水口的平面位置、形状结构、材料及安装要求等内容。若管线较为简单，也可直接在水池平面图和剖视图上表示。

6.5.4 水池施工图读图要则

（1）图名、比例；
（2）了解放线基准点、基准线的依据；
（3）了解水池平面的形状大小、位置，与周围环境、构筑物、地上地下管线的距离尺寸；
（4）了解池岸、池底结构、表层（防护层）、防水层、基础做法；
（5）了解进水口、泄水口、溢水口位置、形状、标高；
（6）了解池岸、池底、池底转折点、池底中心高及排水方向；
（7）了解池岸与山石、绿地、树木结合做法、池底种植水生植物做法；
（8）了解给水排水、电气管线布置及配电装置、泵房等有关情况。

6.6 假山工程施工图

假山工程主要包括假山和置石两种。假山是以土石为材料，以自然山水为蓝本并加以艺术的提炼与夸张，人工再造的山水景物。置石是用零星山石加以点缀，主要表现山石的个体美或局部的组合，不具备完整的山形。

6.6.1 常用的山石

从一般掇山所用的材料来看,可以分为湖石、黄石、青石、石笋以及木化石、松皮石等。由于山石材料的质地、纹理不同,其表现方法不同。

(1) 湖石

湖石是经过熔融的石灰岩。这种山石的特点是纹理纵横,脉络起隐,石面上遍多拗坎,称为"弹子窝",很自然地形成沟、缝、穴、洞,窝洞相套,玲珑剔透。画湖石时,首先用曲线勾画出湖石自然曲折的轮廓线,再绘出随形线条变化自然起伏的纹理,最后利用深淡线点组织着重刻画出大小不同的洞穴,为了画出洞穴的深度,常常用笔加深其背光处,强调洞穴中的明暗对比。

湖石分为太湖石、房山石、英石、灵璧石、宣石等几类。其中,太湖石有质坚表滑,嵌空穿眼,纹理纵横,连联起隐,叩击有声,外形多峰峦岩之致等特性。英石质坚而润,节理天然,面有大皱小皱,多棱稍莹彻,峭峰如剑戟等特点。

(2) 黄石

黄石是一种带橙黄色的细砂岩,质坚色黄,石纹古拙,形体顽夯,见棱见角。节理面近乎垂直,雄浑沉实,平正大方,块纯而棱锐,具有强烈的光影效果。

对黄石,绘图时多用平直转折线表现块钝而棱锐的特点。为加强石头的质感和立体感,在背光面常用重线条或斜线加深,与受光面形成对比,加强了山石的明暗对比度,表现石头的质感和空间感。

(3) 青石

青石,是一种青灰色的细砂岩,有交叉互织的斜纹,但节理面不规整,纹理不一定相互垂直,就形体而言,多呈片状,故有"青云片"之称。

对青石,绘图时,着重刻画该石多层片状的特点。为此,水平线条要有力,侧面要用折线。石片层次要分明,搭配要错落有致。

(4) 石笋

石笋,指外形修长如竹笋的一类山石的总称。石笋有:锦川石、白果笋、乌炭笋、慧剑、钟乳石笋等。石笋,外形修长如竹笋,其表面有些纹眼嵌卵石,有些纹眼嵌空。

对石笋,画时以表现其垂直纹理为主,可用直线或曲线。绘图时首先要掌握好细长比,以表现其修长之势。而表面的细部纹理则根据各种石笋的特点刻画:如纹眼嵌卵石,则着重刻画石笋中的卵形石子,表现出卵石嵌在石中;如纹眼嵌空,则利用深淡线点,着重刻画出空窝;而对乌炭笋,则用斧壁线条表示,对钟乳石,则利用长短不同的随形而异的线条来表示。

6.6.2 假山

(1) 假山的基本结构

假山根据"有真为假,做假成真"的法则,其组合单元有峰、峦、洞、壑等变化;其造型有法无式,变化万千。其基本结构与建造房屋有共通之处,可分为三大部分：

1) 基础：包括立基（基础部分）和拉底（在基础铺置最底层的自然山石）两部分。基础的大部分在地面以下，只有拉底的山石的小部分露出地面。

2) 中层：即基础以上，顶层以下部分。这部分占体重最大，可视面积最大，用材广泛，单元组合和结构变化多端，是假山造型的主要部分，也是表达上较为复杂的部分。

3) 顶层：即最顶层的山石。一般有峰、峦和平顶三种类型。顶层结构要求山石体量大，轮廓和体态富有特征性。外观上，起着画龙点睛的作用。在表示时要着重对于体态特征的表达。

(2) 假山施工图

由于假山是集零为整、寓情于石，从设计到施工均受到具体山石素材特征的影响，须根据具体素材，反复琢磨，取其形，立其意，借状天然，发挥特征。以求实现"片山有致，寸石生情"，达到深化园意，丰润园景；且由于山石素材的形状特征比较复杂，没有一定的规则，即使是人工塑山，也因山形、色质和气势的可塑性较大，所以，在设计时，对假山从整体形状到结构细节，既难于以确切的图样表示，也不易用精确的尺寸注明。也就是说，不论是图形表示还是施工造型的尺寸精度，都不能做到确切和精确。

假山设计图包括假山平面图、立面图、剖（断）面图和基础平面图，对于要求较高的细部，还应画出详图说明，如图6-6-1所示。

1) 平面图

假山平面图，是在水平投影上表示出根据俯视方向所得假山的形状结构的图样，具体作图可按标高投影作图方法绘图。

平面图主要表示假山的平面布局、各部分的平面形状、周围地形地貌和

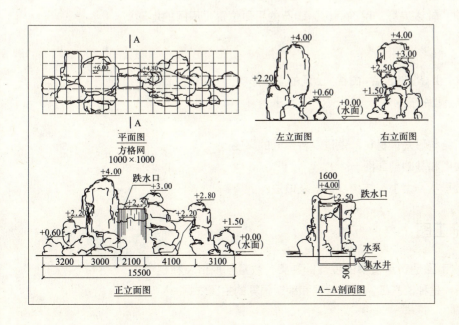

图6-6-1 假山施工图

假山所在建筑总平面图中的位置并标注主要部位的标高。

2) 立面图

立面图，是在与假山立面平行的投影面所作的正立面投影图。立面图是表示假山的造型及气势最好的施工图。一般也可绘制出类似造型效果图的示意图或效果图代替。

立面图主要表示假山山体的立面造型及主要部位高度，可反映出假山整体形状特征、气势和质感，与平面图配合，表示出假山的峰、峦、洞、壑等各种组合单元变化和相互位置关系及高程尺度。

为了完整地表现山体各面形态，便于施工，一般应绘出前、后、左、右四个方面立面图。

3) 剖面图

剖面图是假想用剖切平面，将假山剖开所得的投影图称为假山的剖面图。

剖面图主要表示：①假山、山石的断面外形轮廓及大小；②假山内部及基础的结构和构造形式、位置关系及造型尺度；③有关管线的位置及管径的大小；④植物种植地的尺寸、位置和做法；⑤假山、山石各山峰的控制高程；⑥假山的材料、做法和施工要求。

4) 基础平面图

基础平面图表示基础的平面位置及形状。基础剖面图表示基础的构造和做法，但基础结构简单时，可同基础剖面图绘在一起或用文字说明。

6.6.3 假山施工图读图要则

(1) 看标题栏及说明

了解工程名称、材料和技术要求。

(2) 看平面图

了解比例、方位、轴线编号，明确假山、山石的平面位置、周围的地形、地貌及占地面积和尺寸。

(3) 看立面图

了解假山的层次、山峰、制高点、山谷、山洞的立面形状、尺寸和控制高程，结合平面图，领会其造型特征。

(4) 看剖面图

了解断面形状，结构形式、材料、做法及各部分的高度。

(5) 看基础平面图和基础剖面图

了解假山的基础形状、大小、结构、材料及做法。

6.7 种植工程施工图

园林种植工程施工图是表示植物的位置、种类、数量、规格及种植类型和施工要求的平面图，是种植施工、养护管理和编制预算的主要依据。

6.7.1 园林种植工程施工图的内容

(1) 设计平面图

设计平面图主要表示建筑、水体、道路、地下管线等位置,其中水体边界用粗实线,沿水体边界线内侧细实线表示出水面,建筑用中实线,地下管线或构造物用中虚线。

(2) 种植设计图

园林种植设计图分自然式种植设计图和规则式种植设计图两种。

自然式种植设计图将各种植物按平面图中的图例,绘制在所设计的种植位置上,并以圆点表示出树干的位置。树冠大小按成龄后冠幅绘制,为了便于区别树种,计算株数,将不同树种统一编号,标注在树冠图例内,如图6-7-1所示。

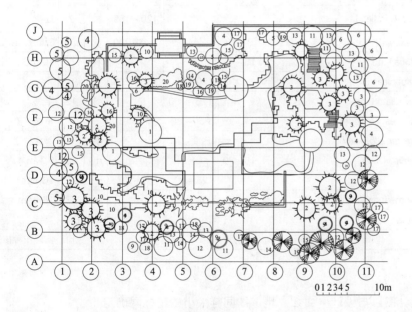

图6-7-1 种植设计图

规则式种植设计图将单株或丛植的植物以圆点表示,绘制在所设计的种植位置上;蔓生和成片种植的植物,用细实线绘出种植范围;草坪用有稀有疏的小圆点表示,在道路、建筑物、山石、水体等边缘应密,然后逐渐稀疏。对同一种树种尽可能以粗实线连接,用索引符号逐树种编号,索引符号用细实线绘制,圆圈的上半部注写植物的编号,下半部注写数量,尽量排列整齐使图面清晰。

(3) 编制苗木统计表

在图中适当位置,列表说明所设计的植物编号、树种名称、拉丁文名称、单位、数量、规格、出圃年龄等。见表6-7-1。

苗木统计表　　　　　　　　表 6—7—1

编号	植物名称		规格(cm)			单位	数量	备注
			胸径	蓬径	高度			
1	香樟	Cinnamomum camphora(L) Presl	12~15			株	3	全冠
2	红叶李	Prunus cerasifera Ehrh f. atropurpurea Jacp			180~200	株	3	姿佳 带梢
3	梅花	Parnassia albicola		100~120	120~150	株	3	形佳
4	桂花	Osmanthus fragrans Lour		180~200	200~250	株	14	丰满
5	樱花	Prunus serrulata Lindl		180~200	200~250	株	6	姿佳 丰满
6	火棘球	Pyracantha fortuneana.(Maxim.)Li.		60~80		株	23	
7	红花檵木球	var. rubrum Yieh		60~80		株	23	姿佳 丰满
8	垂丝海棠	Malus halliana		120~150	150~200	株	3	姿佳
9	罗汉松	Podocarpus macrophyllus			150~180	株	1	看造型 姿佳
10	紫薇	Lagerstroemia indica L.			120~150	株	2	红花
11	金合欢	Acacia concinna	8~10		180~200	株	7	3级分叉以上
12	银杏	Ginkgo biloba Linn	15~18			株	5	3级分叉以上
13	茶花	Camellia japonica		120~150	150~200	株	8	
14	石楠球	Photinia serrulata Lindl		120~150		株	12	丰满
15	南天竹	Nandina domestica Thunb.		P50~80		株	2	单株种植
16	杜鹃	Rhododendron albrecuii		P30~50		株	3	单株种植
17	哺鸡竹	Phyllostachys vivax	15~20			m^2	53	9株/m^2
18	瓜子黄杨	buxus sinica		25~30	30~40	m^2	7	16株/m^2
19	南天竹	Nandina domestica Thunb.		30~40		m^2	23	16株/m^2色块
20	百慕大草	Cynodon dactylon				m^2	560	满铺
21	四季草花					m^2	11	实际花种核算

(4) 标注定位尺寸

自然式植物种植设计图以与设计平面图、地形图同样大小的坐标网确定种植位置。

规则式植物种植设计图应相对某一原有地上物，用标注株行距的方法，确定种植位置。

(5) 绘制种植详图

必要时按苗木统计表中编号（即图号）绘制种植详图，说明种植某一种植物时挖坑、覆土、施肥、支撑等种植施工要求。

(6) 绘制比例、风向玫瑰图或指北针，注明主要技术要求及标题栏。

6.7.2　种植工程施工图读图要则

(1) 看风向玫瑰图、指北针、比例和标题栏

了解工程的名称、方位和当地的主导风向。

(2) 看索引编号和苗木统计表

了解所种植植物种类、数量、规格和配置方式。

(3) 看植物种植定位尺寸

了解植物种植的位置及定点放线的基准

(4) 看种植详图

了解种植的要求,组织种植施工。

6.8 园林建筑施工图

6.8.1 概述

在园林建设中,园林建筑是指在园林中成景的,同时又为游人提供生活、休息或交通作用的建筑或建筑小品,所以园林建筑是园林建设中必不可少的。园林建筑是园林与建筑结合的产物,既要满足建筑的使用功能要求,又要满足园林的造景要求。主要包括房屋、厅堂、亭、廊、花架、景墙以及各种建筑小品等。

园林建筑施工图用来表示建筑物的总体布置、整体外形、内部划分、空间划分、构造做法及内外装饰。一般包括施工总说明、总平面图、建筑平面图、立面图、剖面图和详图等。绘制建筑施工图应遵守《房屋建筑制图统一标准》、《总图制图标准》、《建筑制图标准》的规定。

6.8.2 园林建筑施工图的内容

(1) 施工总说明

针对施工图中不便详细注写的用料、做法及技术要求、使用部位等要求,作出具体的文字说明称为施工总说明。

(2) 建筑总平面图

建筑总平面图是表示建筑物所在基地有关范围的总体布置情况的水平投影图。它反映新建房屋、构筑物的位置和朝向,室外场地、道路、绿化等的布置、地形、标高等以及与原有环境的关系和邻界情况,也是房屋及其他设施施工的定位、土方施工以及绘制水、暖、电等管线总平面图和施工总平面图的依据,如图 6-8-1 所示。

(3) 建筑平面图

建筑平面图是假想用一水平的剖切平面沿门窗洞的位置将房屋剖切后,将剖切平面以下部分向水平面投影得到的水平剖视图。建筑平面图主要表示建筑物的平面形状、水平方向各部分(如出入口、走廊、楼梯、房间、阳台等)的布置和组合关系,门窗位置、墙和柱的布置以及其他建筑构配件的位置和大小等,如图 6-8-2 所示。

一般平面图根据房屋的层数不同分为底层平面图、各层平面图、屋顶平面图(基本视图)及局部平面图。当有些楼层的平面图相同,而仅与底层、顶层不同时,这些平面图可以共用一张平面图,称为标准层平面图。

图6-8-1 新建食堂建筑总平面图

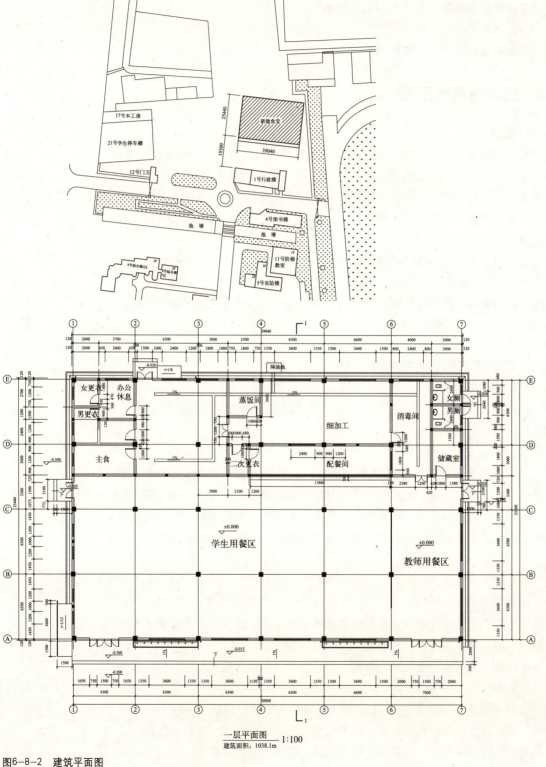

图6-8-2 建筑平面图

(4) 建筑立面图

建筑立面图是在与建筑立面平行的投影面上所作的正投影图,主要反映建筑物的外形及主要部位的标高。立面图可以有多个,通常把反映主要出入口或比较显著反映建筑物外貌特征的立面图称为正立面图。一般按房屋的朝向分为南立面图、东立面图、北立面图、西立面图等,如图 6-8-3 所示。

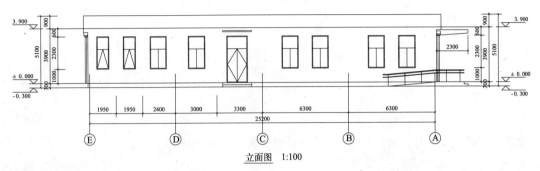

图6-8-3 建筑立面图

建筑立面图能够充分表现出建筑物的外貌和立面装修的做法,在设计阶段用以表现、研究建筑物的外观造型,为进一步设计提供方案依据;在施工阶段,为外装修提供做法要求和依据。

(5) 建筑剖面图

建筑剖面图是假想用铅垂剖切平面将建筑物剖开,所得的投影图。如图 6-8-4 所示。主要表示园林建筑内部的空间布置、分层情况、结构、构造的形式和相互关系,装修要求和做法,使用材料及建筑各部位的标高的图纸,与平面图、立面图配合使用,可以完整地表达建筑,是建筑施工图不可缺少的部分。

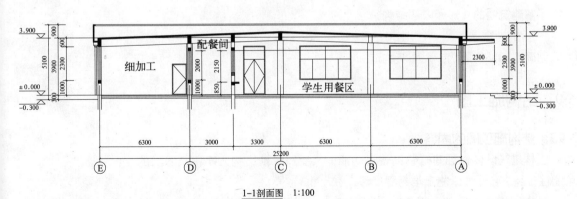

图6-8-4 建筑剖面图

(6) 建筑详图

建筑详图是建筑细部的施工图,是建筑平面图、立面图、剖视图的补充。在园林建筑中,有许多细部结构,如门窗、楼梯及各种建筑小品等,一般在比

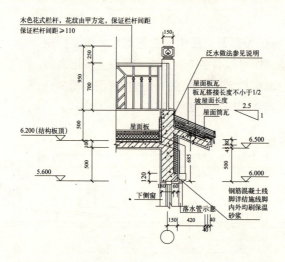

图6-8-5 露台外挑檐口详图

例小的建筑平面图、立面图、剖面图中不能表达清楚，因此需要用较大比例绘制出详图，如图6-8-5所示。

建筑详图包括平面详图、立面详图、剖面详图和断面详图，具体选用，应根据所表达的内容复杂程度决定。

6.8.3 建筑施工图的阅读方法

（1）先看建筑总平面图及施工总说明

了解建筑物所在的具体方位，周围的总体布置情况，以及一些用料、做法和技术要求。

（2）看平面图

了解图名、比例、方位，建筑物具体形状大小及各部分平面布置。

（3）对照平面图看立面图、剖面图

了解建筑物的外形和内部结构。

（4）看详图

明确各细部的形状、大小及构造。

6.9 结构施工图

6.9.1 结构施工图的内容

园林建筑既要保证建筑物的使用功能，又要照顾到结构方案中技术上的可能性，经济合理性，施工难易程度等。

建筑结构是由屋架、楼板、大梁、墙身、柱子、基础等结构构件组成，这些构件在建筑物中相互支承，相互扶持，直接或间接地，单独或协同地随各种荷载作用，构成的一个结构整体，它是建筑物的骨架。

结构施工图主要表达结构设计的内容，它是表示建筑物各承重构件（如基础、墙、柱、梁、板、屋架等）的布置、形状、大小、材料及其相互关系的图样。结构施工图一般包括基础图、结构平面图和结构详图等，它同时必须满足其他专业（如建筑、水、暖、电等）对结构的要求。

结构施工图是施工放线、挖基坑、支模板、绑钢筋、浇筑混凝土、安装梁、板、柱等构件以及编制预算和施工组织设计的重要依据。

6.9.2 结构施工图常识

(1) 混凝土、钢筋混凝土、预应力混凝土

混凝土是由水泥、砂、石子和水按一定比例配合、拌制而成的混合物，经一定时间后硬化而成人造石材。混凝土的抗压强度较高，但抗拉强度较低，易开裂。为了提高混凝土构件的抗拉能力，常在混凝土构件的受拉区内配置一定数量的钢筋。这种由混凝土和钢筋两种材料共同构成整体的构件，称为钢筋混凝土构件。此外，为了提高构件的抗拉和抗裂性能，有的构件通过张拉钢筋对混凝土施加一定的压力，这种构件称为预应力混凝土构件。

(2) 混凝土强度等级

混凝土强度等级有 C15、C20、C25、C30、C35、C40、C45、C50、C55、C60、C65、C70、C75、C80 等 14 个等级。

(3) 钢筋的类型

钢筋按其强度和品种分成不同的类型。混凝土结构中按强度分为热轧钢筋 R235、HRB335、HRG400、HRB500。

(4) 钢筋的名称和作用

配置在钢筋混凝土构件中的钢筋（图6-9-1），按其作用可分为：

1) 受力筋：是构件中主要的受力钢筋，承受拉力的钢筋在梁、柱等构件中有时还需配置承受压力的钢筋，称为受压筋。

2) 箍筋：一般用于梁、柱中，是构件中承受剪力和扭力的钢筋时用来固定纵向钢筋的位置。

3) 构造筋：因构件的构造要求和施工安装需要配置的钢筋。架立筋和分

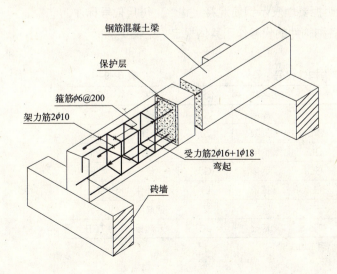

图6-9-1 钢筋配置

布筋属于构造筋。

架立筋：用来固定梁内钢筋的位置，与受力筋构成钢筋骨架。

分布筋：用于板内，其方向与板内受力筋垂直，与受力筋一起构成钢筋的骨架。

(5) 钢筋的弯钩及保护层

为了加强钢筋与混凝土的粘结，防止钢筋在受力时滑动，HPB235钢筋（表面光圆钢筋）两端要做成弯钩。弯钩的形式，有半圆形弯钩、直角弯钩等。而采用螺纹钢筋（表面带突纹的钢筋），钢筋的两端不做弯钩。

为了保护钢筋和保证钢筋和混凝土的粘结力，钢筋的外皮至构件表面应保持的距离，称为保护层。按规定钢筋混凝土构件保护层的最小厚度是：梁、柱的受力筋保护层厚度为25mm，箍筋和构造筋保护层为15mm；墙和板厚度大于100mm时，保护层厚度为15mm，小于等于100mm时为10mm；基础的受力筋保护层厚度有垫层时为35mm，无垫层时为70mm。

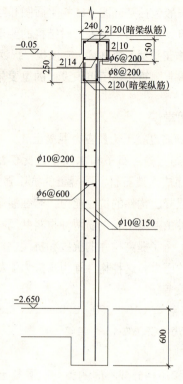

图6-9-2 地下室外墙配筋图

(6) 图示方法

为表达钢筋混凝土构件内部钢筋的配置情况，可将混凝土构件假定为透明体。这种主要表示构件内部钢筋布置的图样，称为配筋图。配筋图通常由立面图和断面图组成。立面图中构件轮廓线用中粗线表示，钢筋用粗实线表示。断面图中剖到的钢筋画成黑圆点，未剖到的钢筋仍用粗实线表示，如图6-9-2所示。

(7) 常用构件代号

在结构施工图中，为了简明扼要地表示钢筋混凝土构件，需用代号标注。在《建筑结构制图标准》中将各种构件的代号作了具体规定，见表6-9-1。

建筑结构构件代号　　　　　　　　表6-9-1

名称	代号	名称	代号	名称	代号	名称	代号
板	B	梁	L	屋架	WJ	梯	T
屋面板	WB	屋面梁	WL	支架	ZJ	雨篷	YB
空心板	KB	圈梁	QL	框架	KJ	阳台	YT
槽形板	CB	过梁	GL	钢架	GJ	桩	ZH
楼梯板	TB	联系梁	LL	檩条	LT	预埋件	M
盖板	GB	基础梁	JL	柱	Z	钢筋网	W
檐口板	YB	楼梯梁	TL	基础	JC	天沟板	TGB

注：预应力混凝土构件代号，应在构件代号前加注"Y-"。

6.9.3 基础图

基础是建筑物的地下承重部分，它直接承受建筑物上部传来的各种荷载并把它传给地基。基础图是表示建筑物室内地面以下基础部分的平面布置和详细构造的图样。它是施工时放线、开挖基坑和进行基础施工的依据。

基础的形式一般取决于上部承重结构的形式，同时也和房屋荷载大小、地形条件有关。是根据地基承载能力、建筑物上部结构形式，通过计算、设计确定的。

基础底下的天然的或经过加固的土壤叫地基。基坑（基槽）是为基础施工而在地面开挖的土坑。坑底就是基础的底面。基坑边线就是放线的灰线。埋置深度是从 ±0.000 到基础底面的深度。埋入地下的墙称为基础墙。基础墙与垫层之间做成阶梯形的砌体，称为大放脚。防潮层是防止地下水对墙体侵蚀的一层防潮材料，其厚度为60mm，为了增加基础的整体性，往往在防潮层处设一道基础圈梁。

基础图就是表示建筑物相对标高 ±0.000 以下基础部分的平面布置、类型和详细构造的图。基础图主要包括基础平面图和基础详图，它是施工时在基地上放灰线、开挖基坑和砌筑基础的依据。基础平面图通常采用 1∶100 的比例绘制，如图 6-9-3 所示。基础样图是用较大的比例画出的基础局部构造图，以此表达出基础各部分的形状、大小、构造及基础的埋置深度。

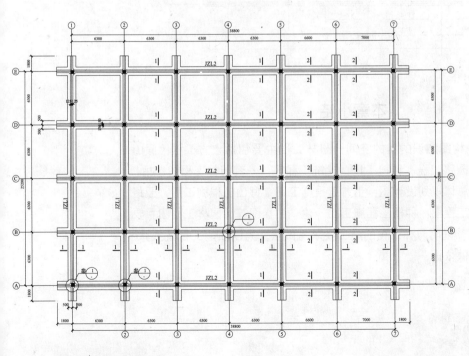

图6-9-3 基础平面图

6.9.4 钢筋混凝土构件详图

钢筋混凝土构件详图是钢筋翻样、制作、绑扎、现场支模、设置预埋件、浇筑混凝土的依据。钢筋混凝土构件有定制构件和非定制构件两种。定制构件可直接引用标准图或通用图,只要在图纸上写明所选用构件所在图集的名称、代号即可。非定制构件必须绘制构件详图。

6.9.5 结构平面图

结构平面图是表示建筑物各构件(如梁、板、柱、墙等承重构件)平面布置的图样。是假想在该层结构面作水平剖切后的水平投影图,是结构施工时构件制作和吊装就位的依据。不同层的构件要分层表示。

结构平面图主要为现场制作构件或安装构件提供施工依据,如图6-9-4所示。

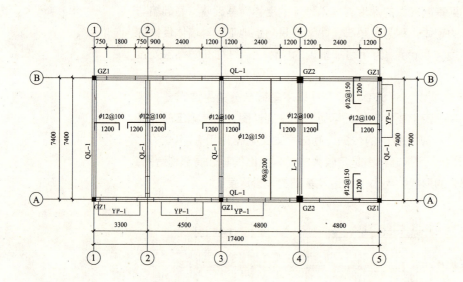

图6-9-4 厂房结构平面图

本章小结

园林是有明确构图意识的美的空间,园林工程主要包括土方工程、假山工程、水景工程、园路工程、种植工程、建筑工程等。一套园林工程图包括:设计施工总说明、总体规划设计图、土方工程施工图、假山工程施工图、园路工程施工图、水体工程图、种植工程施工图、建筑工程图等。园林工程图主要表达设计师的意图,说明园林工程的施工要求与做法,为以后的工程概预算、施工组织设计等提供依据。

主要参考文献

[1] 吴机制主编．园林工程制图（第1版）．广州：华南理工大学出版社，2001．

[2] 中国计划出版社编．建筑制图标准汇编（第1版）．北京：中国计划出版社，2003．

[3] 谷康主编．园林制图与识图（第1版）．南京：东南大学出版社，2002．

[4] 马晓燕主编．园林制图（第2版）．北京：气象出版社，2000．

[5] 吴机际．园林工程制图．广州：华南理工大学出版社，2001．

[6] 关俊良，孙世青．土建工程制图与AutoCAD（含习题集），北京：科学出版社，2004．

[7] 谷糠，姚松．园林制图与识图，南京：东南大学出版社，2001．

[8] 董南．园林制图．北京：高等教育出版社，2005．

[9] 吴机际．园林工程制图习题集．广州：华南理工大学出版社，2005．

[10] 董南．园林制图与识图习题集．北京：中国建筑工业出版社，1995．

[11] 吴机际主编．园林工程制图（第1版）．广州：华南理工大学出版社，2001．

[12] 陈文斌，章金良主编．建筑工程制图（第4版）．上海：同济大学出版社，2005．

[13] 吴机制主编．园林工程制图（第1版）．广州：华南理工大学出版社，2001．

[14] 王晓俊．风景园林设计．南京：江苏科技出版社，2000．

[15] 吴机制主编．园林工程制图（第1版）．广州：华南理工大学出版社，2001．

[16] 王晓俊．风景园林设计．南京：江苏科技出版社，2000．

[17] 高钰主编．居住空间室内设计速查手册．北京：机械工业出版社，2010．

[18] 吴机际主编．园林工程制图（第1版）．广州：华南理工大学出版社，2001．

[19] 张淑英主编．园林工程制图（第1版）．北京：高等教育出版社，2005．

[20] 董南主编．园林制图（第1版）．北京：高等教育出版社，2005．

[21] 潘雷编著．景观设计CAD图块资料集．北京：中国电力出版社，2005．